工业和信息化"十三五"人才培养规划教材

COMPUTER

大学计算机实践教程（Python语言版）

Practice for Fundamentals of Computers Based on Python

王怀超 李俊生 主编

人民邮电出版社
北京

图书在版编目（CIP）数据

大学计算机实践教程 : Python语言版 / 王怀超，李俊生主编. -- 北京 : 人民邮电出版社，2019.2（2021.1重印）
工业和信息化“十三五”人才培养规划教材
ISBN 978-7-115-49801-4

Ⅰ. ①大… Ⅱ. ①王… ②李… Ⅲ. ①电子计算机－高等学校－教材 Ⅳ. ①TP3

中国版本图书馆CIP数据核字(2018)第294023号

内 容 提 要

本书是《大学计算机（Python 语言版）》一书的配套实验指导书。全书共包括 16 个实验，分别为 Word 文档的基本操作与排版，Word 长文档的制作，Excel 工作表的建立与编辑，Excel 图表应用、数据管理及页面设置，PowerPoint 演示文稿的建立与设置，Python 程序设计入门，变量与数据类型，顺序结构，选择结构，循环结构，列表的操作，字典的操作，函数的使用，文件数据处理，第三方库的使用，综合实验等。

本书适合作为各级各类院校学生的计算机基础教材或参考书，也适合作为计算机培训班教材或作为计算机爱好者的自学参考书。

◆ 主　　编　王怀超 李俊生
　责任编辑　刘 佳
　责任印制　马振武

◆ 人民邮电出版社出版发行　　北京市丰台区成寿寺路 11 号
　邮编 100164　　电子邮件 315@ptpress.com.cn
　网址 http://www.ptpress.com.cn
　三河市祥达印刷包装有限公司印刷

◆ 开本：787×1092 1/16
　印张：9　　　　　　2019 年 2 月第 1 版
　字数：206 千字　　　2021 年 1 月河北第 4 次印刷

定价：32.00 元

读者服务热线：(010)81055256　印装质量热线：(010)81055316
反盗版热线：(010)81055315
广告经营许可证：京东市监广登字 20170147 号

前言 FOREWORD

近年，大学计算机基础类课程改革如火如荼，其中融合大学计算机基础“宽专融”课程体系中的第一层次（基础性课程）和第二层次（专业性课程）是一个重要的改革方向。融合后课程将从计算机基础、计算机操作与程序设计三个方面出发，使学生掌握计算机基础知识，培养学生的计算机操作应用能力，使学生掌握程序设计的基本方法，了解从问题分析到程序维护整套程序设计流程，具备利用 Python 程序设计语言解决各类实际计算问题的开发能力，培养学生的计算思维能力。

大学计算机基础类课程具有很强的理论性和实践性，我们以大学生计算思维能力为出发点，按照大学计算机课程的教学内容及培养学生解决各类实际计算问题的能力的要求编写了本书。本书按照大学计算机课程实验大纲要求，共设计了 16 个实验，其中最后一个为综合性实验。每个实验均安排了“相关知识点”一节，给出了与该实验项目相关的主要教学知识的概述；“实验目的”给出了该实验要达到的目的；“实验内容”给出了每一道实验题的分析指导、参考程序和说明，通过一系列案例帮助学生尽快掌握计算机相关理论知识和计算思维方法；“思考题”需要学生自行操作和编写程序。附录部分为增加学习 Python 程序设计的趣味性，编者搜集、整理、设计了多个趣味性较强的小程序，共四类，包括图像处理类、数值计算类、图像绘制类和文本处理类，并给出了关键部分源代码。

本书由王怀超、李俊生主编，由姜洋、王英石、李静、李炳超、张良、刘才华等老师共同编写，编者所在教学团队对本书提出了许多宝贵建议，在此表示感谢。同时向在本书编写过程中给予帮助和支持的教师、编辑及广大读者表示诚挚的谢意。

由于编者水平有限，书中难免存在不足之处，敬请读者批评指正。

编者

2019 年 1 月

目 录 CONTENTS

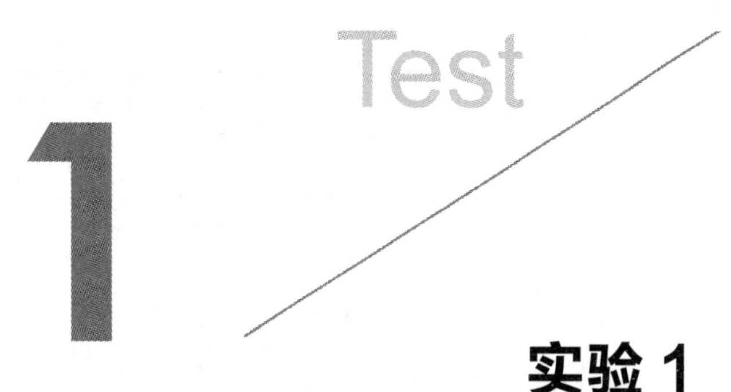

实验 1 Word 文档的基本操作与排版

1.1 相关知识点

1.1.1 字体格式设置

字体格式设置主要是对字体的样式、大小、粗细、颜色等进行设置，具体操作位置见图 1-1 中的各个选项。

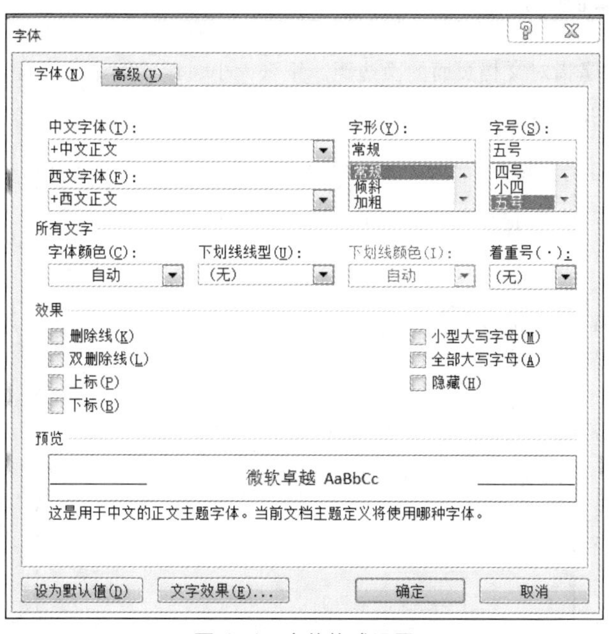

图 1-1　字体格式设置

1.1.2 段落格式设置

段落格式设置主要是指对段落的行距、缩进、边框和底纹等进行设定，具体操作位置见图 1-2 中的各个选项。

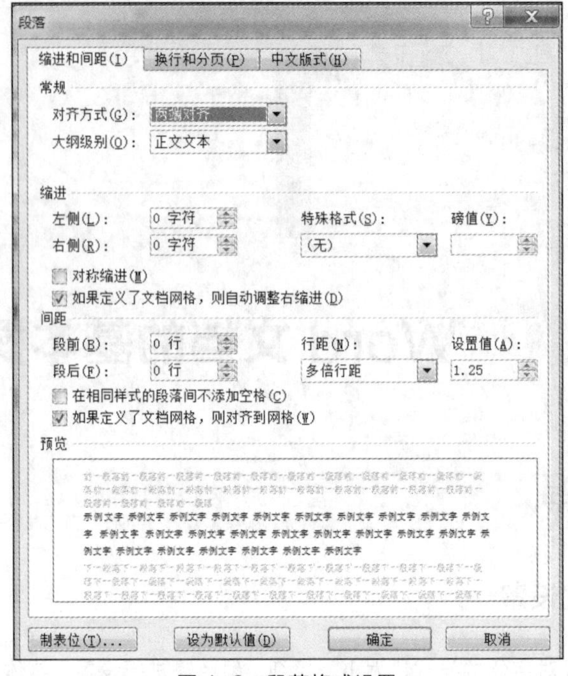

图 1-2　段落格式设置

1.1.3　页面格式设置

页面格式设置主要是指对文档页面的页边距、纸张大小、版式等进行设置，单击页面布局选项，然后进行具体操作，操作位置见图 1-3 中的各个选项。

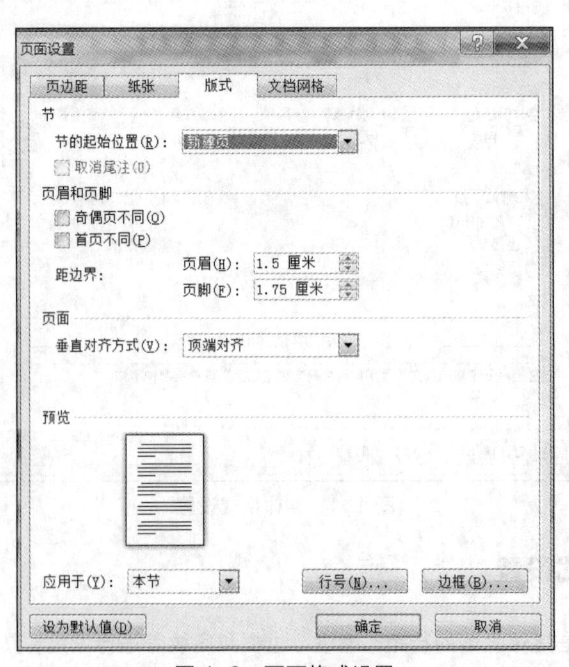

图 1-3　页面格式设置

1.1.4 表格的制作与设置

通过“插入→表格”的方式制作表格，然后通过“表格工具”的“设计”或“布局”选项卡进行各种详细设置，表格格式设置如图 1-4 所示。

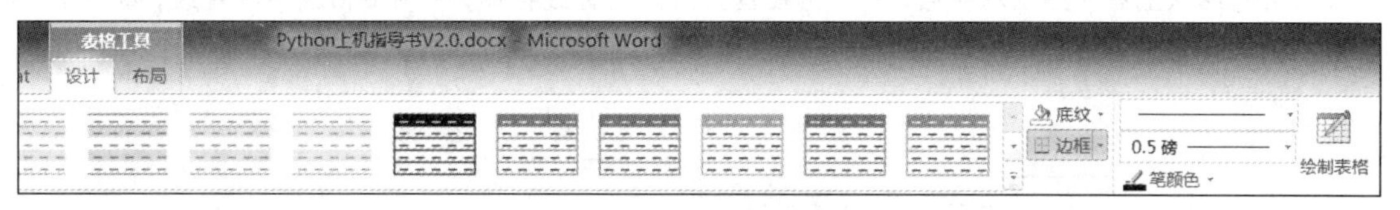

图 1-4 表格格式设置

1.2 实验目的

1. 熟练掌握字体和段落格式化的使用方法。
2. 掌握表格的制作、表格单元格的设置方法。
3. 掌握图片的插入和图片大小、位置的调整。
4. 了解制表符的使用。
5. 了解页面边框的设置方法。
6. 掌握打印机的使用方法。

1.3 实验内容

任务的提出

小张就要大学毕业了，他要制作一份求职简历。

解决方案

制作封面、自荐书、个人简历表格。

字体格式化操作方法

（1）在“开始”选项卡的“字体”组中，从“字体”或“字号”下拉列表框中选择相应选项。

（2）鼠标右键单击选中的文本（注意：鼠标指针不能离开被选定的文本），将会弹出一个“浮动工具栏”，其下方也会弹出传统的快捷菜单。

（3）在“开始”选项卡的“字体”组的右下角单击“对话框启动器”按钮，从打开的“字体”对话框中进行相应设置。

段落格式化操作方法

（1）在“开始”选项卡的“段落”组中选择“对齐方式”等。

（2）在“开始”选项卡的“段落”组的右下角单击“对话框启动器”按钮，打开“段落”对话框，在“段落”对话框中，按要求进行设置。

（3）利用水平标尺进行段落缩进设置。

制作表格

用铅笔形状工具先绘制水平线表格，再在垂直方向上直线移动，绘制出相应的垂直线，如图 1-5 所示。

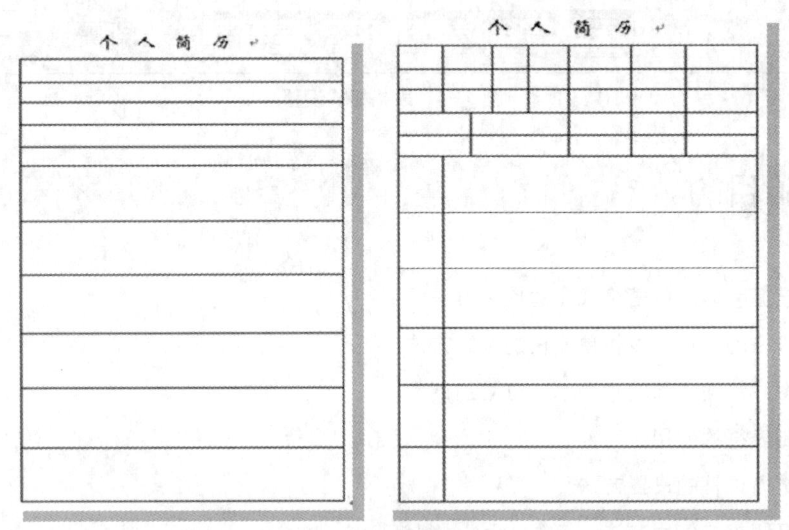

图 1-5 表格样式

合并单元格

（1）将表格第 7 列中的第 1～5 行合并成一个单元格。

（2）选择表格第 7 列中的第 1～5 行单元格，同时功能区中的“表格工具”选项卡被激活。

（3）选择“表格工具”中的“布局”选项卡，在“合并”组中单击“合并单元格”按钮。

（4）将所有单元格的字体格式设置为“华文细黑、小四、加粗”，并在相应单元格中输入文字。

利用鼠标指针调整单元格的宽度或高度

调整单元格的宽度或高度的样例如图 1-6 所示。

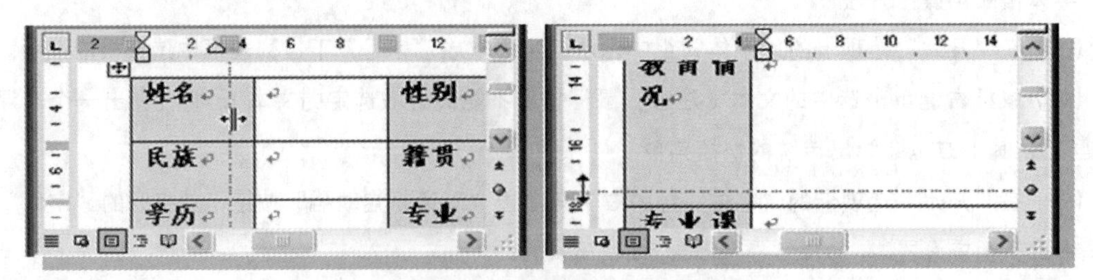

图 1-6 调整单元格的宽度或高度的样例

调整第 1～5 行的固定高度：选择“表格工具—布局”选项卡，在“单元格大小”组中的“高度”数值框中输入“1 厘米”。

平均分配表格中第6～11行的行高：选定表格中的第6～11行，选择“表格工具—布局”选项卡，在“单元格大小”组中单击“分布行”按钮。

设置单元格的对齐方式

选定表格中的第1～5行，选择“表格工具—布局”选项卡，在“对齐方式”组中单击“水平居中”按钮。

选定表格中的第6～11行，选择“表格工具—布局”选项卡，在“表”组中单击“属性”按钮，打开“表格属性”对话框，在“单元格”选项卡中单击“居中”按钮，完成设置。

设置表格的文本方向

分别将表格中的第6～11行第1列及第1行第7列的单元格中的文字方向改为竖排：选定表格中相应的单元格，在“表格工具—布局”选项卡的“对齐方式”组中单击“文字方向”按钮，选择“垂直”选项。

添加项目符号

为“获得证书”栏目中的各文本段落添加项目符号：在“开始”选项卡的“段落”组中单击“项目符号”按钮旁的下拉箭头，在弹出的下拉列表框中选择“定义新项目符号”选项，打开“定义新项目符号”对话框，单击“符号”按钮，进行相应设置。

设置页面边框

将插入点定位到“自荐书”所在的节中。

在“页面布局”选项卡的“页面背景”组中，单击“页面边框”按钮。

在打开的“边框和底纹”对话框的“页面边框”选项卡中，在“艺术型”下拉列表框中选择需要的艺术边框；在“颜色”下拉列表框中选择“主题颜色”区域中的“白色，背景1，深色50%”；在“应用于”下拉列表框中选择“本节”。

打印文档

在“文件”选项卡中选择“打印”选项，在“打印”面板中显示了当前与打印相关的参数设置。

1.4 思考题

结合本实验中介绍的Word使用知识，创建一份应聘学校社团的个人简历，内容不限，但必须包含以下知识点。

1. 使用适当的图片、文字制作与该社团的主题相关的封面。

2. 根据自己的实际情况制作“自荐书”，并对“自荐书”的内容进行字体格式化及段落格式化设置。要求内容分布合理，不要留太多空白，也不要太拥挤。

3. 利用表格将自己的相关经历及个人信息（班级、姓名、学号、性别、其他兴趣爱好）等直观地分类列出，并插入一张本人的照片。

Test

2

实验 2 Word 长文档的制作

2.1 相关知识点

2.1.1 文档属性

文档属性描述文档的详细信息，例如标题、主题、作者、文件长度、修改日期和统计信息等。在“文件→属性→高级属性→摘要”中进行各种详细设置。

2.1.2 样式设置

样式设置是指应用于文档对象的一组格式，包括字符、段落、链接段落和字符、表格、列表五种样式。应用样式可以自动完成该样式中包含的所有格式的设置，从而大大提高文档的排版效率。样式设置的具体操作位置如图 2-1 所示。

图 2-1 样式设置

2.1.3 多级编号设置

通过多级编号中的设置功能，可以统一对整个文档的各个章、节、小节分别设置不同形式的编号。多级编号设置的具体操作位置如图 2-2 所示。

2.1.4 目录

目录通常是长文档中不可缺少的部分，有了目录，用户就能很容易地了解文档的结构内容，并快速定位需要查询的内容。目录通常由两部分组成：左侧的目录标题和右侧的标题所对应的页码。单击“引用→目录→插入目录”按钮，然后进行目录设置，如图 2-3 所示。

图 2-2 多级编号设置

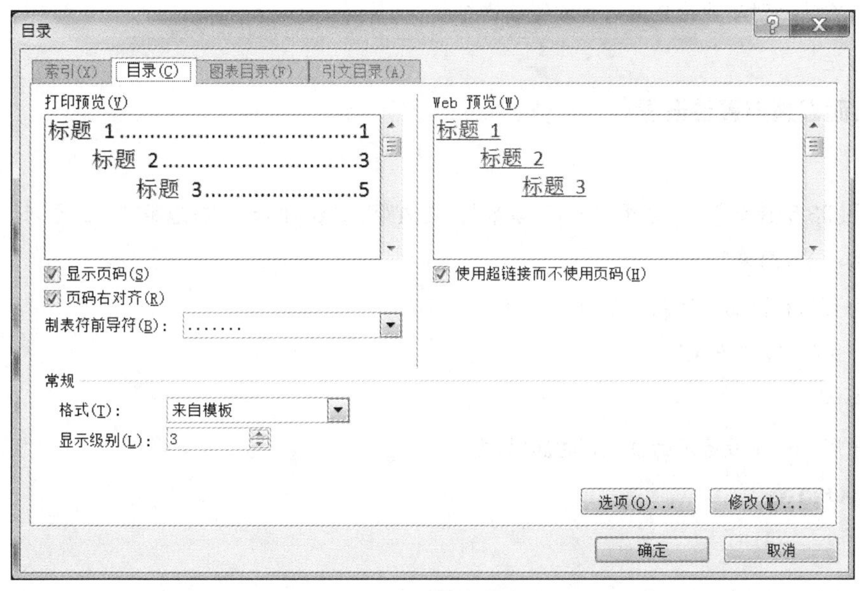

图 2-3 目录设置

2.1.5 页眉和页脚

页眉和页脚是页面的两个特殊区域，位于文档中每个页面的顶部和底部区域，例如文档标题、页码、公司徽标、作者名等信息需打印在文档的页眉或页脚区域。通过“插入页眉、页脚或页码”的方式即可进行设置。

2.2 实验目的

熟练掌握长文档的排版方法与技巧，包括以下内容。

1. 设置文档属性。
2. 应用样式。
3. 设置多级编号。
4. 自动添加目录。
5. 添加奇偶页不同的页眉和页脚。

2.3 实验内容

任务的提出

小陈就要大学毕业了，他要完成的最后一项“作业”就是对毕业论文进行排版。

解决方案

通过利用样式快速设置相应的格式、利用具有大纲级别的标题自动生成目录，利用域灵活插入页眉和页脚等方法，对毕业论文进行有效的编辑排版。

实现方法

1. 页面设置与属性设置

要求

上边距“3.5 厘米”；下边距“2.54 厘米”；左边距“2.6 厘米”；右边距“2.6 厘米”

装订线“0.5 厘米”

版式为页眉和页脚“奇偶页不同”

页眉距边界“2.5 厘米”

操作方法

页面布局→页面设置对话框→页边距|版式。

2. 属性设置

要求

标题：“大学生社会适应能力研究”（论文名称）

作者：自己的学号+姓名（请用你的真实学号和姓名，如 00000001 张三）

单位：XX 学院 XX 班（如空管学院 1 班）

操作方法

文件→信息→属性。

3. 应用样式

要求

应用样式设置要求如表 2-1 所示。

表 2-1 应用样式设置要求

字体颜色	正文章节标题	应用样式
红色	章名	标题 1
蓝色	节名	标题 2
鲜绿	小节名	标题 3

4. 修改样式

要求

修改样式设置要求如表 2-2 所示。

表 2-2 修改样式设置要求

样式名称	字体	字体大小	段落格式
标题 1	黑体	三号	段前、段后 0.5 行，单倍行距，段前分页
标题 2	华文新魏	四号	段前、段后 6 磅，单倍行距
标题 3	黑体	小四	默认值

操作方法

直接在“样式和格式”任务窗格的“请选择要应用的格式”框中，单击“标题 1”样式右边的下拉按钮，选择“修改”命令。

5. 新建样式

要求

新建一个名称为“论文正文”的样式，论文正文的格式为 5 号、宋体、1.25 倍行距、首行缩进 2 个字符，并将“论文正文”样式应用于文档的正文文本中。

新建一个名称为“参考文献”的样式，参考文献的字体为仿宋，行距为“固定值 18 磅”，无缩进字符，并为所有参考文献应用“参考文献”样式。

操作方法

打开“新建样式”对话框进行设置，在样式下拉菜单中选择“将所选内容保存为新快速样式”。

6. 应用其他样式

要求

将文档“备选样式.docx”中的“摘要标题”“摘要正文”等样式复制到当前文档“毕业论文.docx”中，并将“摘要标题”“摘要正文”样式分别应用于论文中的摘要标题、摘要正文。

利用表格样式对文档中所有的表格进行快速美化。

操作方法

样式→管理样式→导入/导出→关闭文件→打开文件→选择→复制→应用。

利用“导航”窗格搜索表格，利用表格样式进行美化。

7. 使用多级编号

要求

多级编号设置要求如表 2-3 所示。

表 2-3　多级编号设置要求

样式名称	多级编号	编号位置	文字位置
标题 1	第一章、第二章、第三章……	左对齐、0 厘米	默认
标题 2	1.1、1.2、1.3……	左对齐、0 厘米	默认
标题 3	1.1.1、1.1.2、1.1.3……	左对齐、0.75 厘米	默认

操作方法

在“自定义多级符号列表”对话框进行相应设置。

多级编号样例如图 2-4 所示。

第二章　大学生社会适应能力的概述

2.1　大学生社会适应能力的定义

2.2.1 内在心理层次

图 2-4　多级编号样例

8. 生成目录

要求

利用标题样式生成毕业论文目录，要求目录中含有“标题 1”“标题 2”“标题 3”。其中，“目录”文本的格式为居中、小二、黑体。

操作方法

引用→目录→插入目录。

9. 修改目录样式

要求

目录设置要求如表 2-4 所示。

表 2-4　目录设置要求

样式名称	字体	字体大小	段落格式
目录 1	黑体	四号	段前、段后 0.5 行，单倍行距
目录 2	幼圆	小四	段前、段后默认值，1.5 倍行距

操作方法

引用→目录→插入目录→修改。

目录设置样例如图 2-5 所示。

目录

图 2-5　目录设置样例

10. 插入分节符

要求

在“目录”和“导论”之前分别插入“分节符（下一页）”，将毕业论文分为三节，如图 2-6 所示。

分节符
分节符
第 1 节
第 2 节
第 3 节
封面
摘要
目录
导论
正文
……
结束语
参考文献
致谢
断开
断开

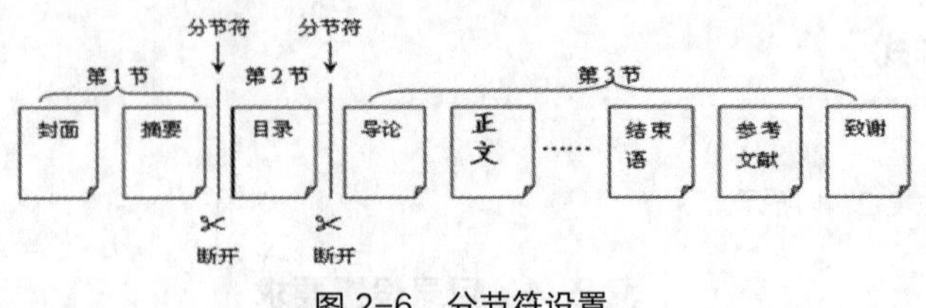

图 2-6　分节符设置

操作方法

页面布局→分隔符→分节符|分页符。

11. 添加页脚

要求

中英文摘要没有页码。

目录页的奇数页页码在右侧（堆叠纸张 2），偶数页的页码在左侧（堆叠纸张 1），页码格式：Ⅰ，Ⅱ，Ⅲ…，起始页码为Ⅰ。

论文正文的页码位置：底端，外侧；页码格式：1,2,3,4…，起始页码为 1，其中奇数页的左边和偶数页的右边分别添加文档单位，中间添加文档作者。

操作方法

页眉和页脚工具→设计→页脚|页码。

12. 添加页眉

要求

摘要和目录页上没有页眉。

从论文正文开始设置页眉，其中奇数页的页眉：论文名称在左侧，章号章名（标题 1 编号 + 标题 1 内容）在右侧；偶数页的页眉：章号章名（标题 2 编号 + 标题 2 内容）在左侧，论文名称在右侧。

操作方法

设计→插入→文档部件→文档属性|域。

页脚页眉设置样例如图 2-7 所示。

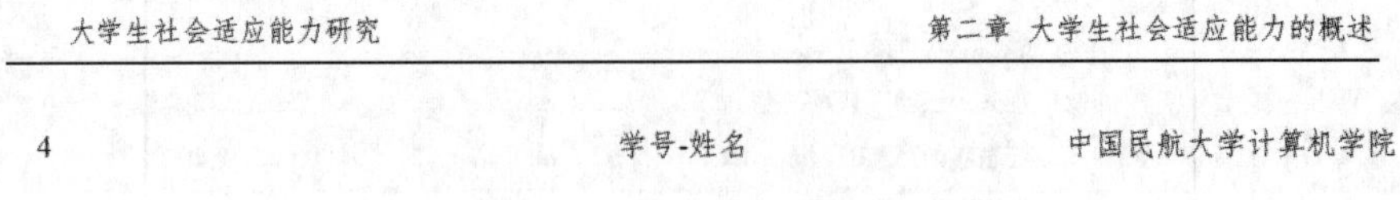

大学生社会适应能力研究
第二章 大学生社会适应能力的概述
4
学号-姓名
中国民航大学计算机学院

图 2-7　页脚页眉设置样例

2.4 思考题

根据格式要求对毕业论文素材进行排版。

Test

3

实验 3 Excel 工作表的建立与编辑

3.1 相关知识点

3.1.1 常用数据类型及输入技巧

在 Excel 中，数据有多种类型，最常用的数据类型有文本型、数值型等。

文本型数据包括字母、数字、空格和符号，默认对齐方式为左对齐；数值型数据包括 0～9、( )、+、-等，默认对齐方式为右对齐。

快速输入有很多技巧，如利用填充柄自动填充，自定义序列，按【Ctrl+Enter】组合键在不相邻的单元格中自动填充重复数据等。

3.1.2 单元格的格式化设置

单元格的格式化设置包括设置数据类型、设置单元格对齐方式、设置字体、设置单元格边框及底纹等。

3.1.3 多工作表操作

多工作表操作，包括对工作表的重命名及工作表之间的复制、移动、插入、删除等，对工作表进行操作时一定要选定工作表标签。

工作表之间数据的复制和粘贴、单元格引用等，是在工作表单元格之间进行的。

3.1.4 公式和函数的使用

Excel 中的“公式”是指在单元格中执行计算功能的等式，所有公式都必须以等号“=”开头，“=”后面是参与计算的运算数和运算符。

Excel 中的“函数”是一种预定义的内置公式，它使用一些称为参数的特定数值，按特定的顺序或结构进行计算，然后返回结果，所有函数都包含函数名、参数和圆括号三部分。

3.1.5 单元格引用

单元格引用是指公式中指明的一个单元格或一组单元格，公式中对单元格的引用分为相对引用、绝对引用和混合引用三种。

混合引用指混合使用相对引用和绝对引用，它是指当公式在复制或移动时，公式中的地址根据引用类型变化或者不变化，如“$H2”，列地址 H 为绝对引用，行地址 2 为相对引用。

用“H2”这样的方式来表示的引用称为相对引用，它是指当公式在复制或移动时，公式中引用单元格的地址会随着公式的移动而自动改变。用“H2”这样的方式来表示的引用称为绝对引用，它是指当公式在复制或移动时，公式中引用单元格的地址不会随着公式的移动而改变。

3.1.6 数据清单

数据清单是指工作表中包含相关数据的一系列工作表数据行，可以理解成工作表中的一张二维表格。

3.1.7 数据的排序

数据的排序方式有升序和降序两种，升序时数字按照从小到大的顺序排序，降序则顺序反转，空格总在后面。

排序并不是针对某一列进行的，而是以某一列的大小为顺序，对所有的记录进行排序，也就是说，无论怎么排序，每一条记录的内容都不会改变，改变的只是它在数据清单中显示的位置。

3.1.8 数据筛选

数据筛选是使数据清单中只显示满足指定条件的数据记录，而将不满足条件的数据记录从视图中隐藏起来。

3.2 实验目的

1. 掌握 Excel 中各种输入数据的方法。
2. 熟练地进行各种公式计算及简单函数的使用。
3. 掌握单元格格式设置、单元格数据的复制与粘贴的方法。
4. 学会工作表的重命名，工作表的复制、移动、删除及插入。
5. 熟练掌握单元格的三种引用方法。
6. 掌握数据的排序、筛选方法。

3.3 实验内容

1. 输入单科成绩表

（1）打开“成绩表（素材）.xlsx”，将文件另存为“成绩表.xlsx”。

（2）在工作表“sheet1”中，输入学号、姓名、性别、平时成绩、作业设计、期末考试、总成绩的标题及“学号”列数据。

（3）输入“姓名”“性别”列数据。

（4）输入“平时成绩”“作业设计”“期末考试”列的部分数据。

（5）计算所有学生的“总成绩”（总成绩=平时成绩×20%+作业设计×30%+期末考试×50%）。

（6）将标题字体设置为“幼圆、加粗、14”，并使标题在 A1:G1 单元格区域中合并及居中。

（7）将数据区域所有单元格的字号设置为“10”，水平对齐方式和垂直对齐方式都设置为“居中”。

（8）将表格的外边框设置为双细线，内框线设置为单细线。

（9）为表格列标题区域套用单元格样式，将其行高设置为“30”，水平对齐方式设置为“居中”。

（10）将列标题“平时成绩”“作业设计”“期末考试”在单元格内分两行显示，并将所有列的列宽调整为最适合的列宽。

（11）通过减少小数位数，将“总成绩”的结果以整数位呈现。

（12）将当前工作表的名称“sheet1”更名为“计算机应用”。

2. 由多工作表数据生成各科成绩表

（1）将“大学英语（素材）.xlsx”中的“sheet1”工作表，复制到“成绩表.xlsx”中的“计算机应用”工作表之前，并将复制后的目标工作表“sheet1”更名为“大学英语”。

（2）将“应用文写作（素材）.xlsx”中的“应用文写作”工作表和“高等数学（素材）.xlsx”中的“高等数学”工作表复制到“成绩表.xlsx”中的“sheet2”工作表之前。

（3）在“成绩表.xlsx”中，将前 4 个工作表的排列顺序调整为“大学英语”“计算机应用”“高等数学”“应用文写作”。

（4）删除“成绩表.xlsx”中的工作表“sheet2”“sheet3”。

（5）在“成绩表.xlsx”中插入一张新的工作表，并将新工作表更名为“各科成绩表”。

（6）在“成绩表.xlsx”中，将“计算机应用”工作表中的“学号”“姓名”“性别”及“总成绩”列的数据复制到“各科成绩表”工作表中。

（7）将其他工作表中的“应用文写作”列数据、“大学英语”列数据、“高等数学”列数据复制到“各科成绩表”中的相应位置。

（8）在“各科成绩表”工作表中，将各列成绩的排列顺序调整为“大学英语”“计算机应用”“高等数学”“应用文写作”。

（9）在“各科成绩表”工作表中，增加“总分”列，计算每位学生的总分。

（10）在“各科成绩表”工作表中，增加“名次”列，计算每位学生的总分排名。

（11）在“各科成绩表”工作表中，修改每位学生的总分排名。

（12）在“各科成绩表”工作表中，计算出各门课程的“班级平均分”。

（13）在“各科成绩表”工作表中，计算出各门课程的“班级最高分”及“班级最低分”。

（14）在“各科成绩表”工作表中，将各门课程“班级平均分”的结果四舍五入，保留 2 位小数。

（15）套用表格格式，美化“各科成绩表”。

3. 成绩表的排序和筛选

（1）在“大学英语”工作表中，将“大学英语”列的成绩按“升序”排列，并套用表格样式美化该工作表。

（2）在“高等数学”工作表中，以“性别”为主要关键字降序排列，以“高等数学”为第 2 关键字降序排列，以“姓名”为第 3 关键字升序排列。

（3）套用表格格式，美化“应用文写作”工作表，将“应用文写作”列的成绩按“降序”排列，并利用套用表格的汇总行计算班级平均分。

（4）将“各科成绩表”工作表复制一份，并将复制后的工作表改名为“自动筛选”。在“自动筛选”工作表中筛选出同时满足以下 4 个条件的数据记录：“性别”为“女”，姓“黄”或姓名中最后一个字为“静”，“计算机应用”的成绩在 80～90 分，“名次”在前 8 名。

（5）将“各科成绩表”工作表复制一份，并将复制后的工作表改名为“高级筛选”。在“高级筛选”工作表中，筛选出总分小于 210 分的女生或总分大于等于 300 分的男生的记录。

（6）利用某一个主题统一所有表格风格。

3.4 思考题

新建一个“考勤表”工作簿，参见实验内容，按要求完成对工作表数据的输入及分析。

Test

4

实验 4 Excel 图表应用、数据管理及页面设置

4.1 相关知识点

4.1.1 统计函数 COUNT、COUNTA、COUNTIF、COUNTIFS

COUNT 函数返回指定范围内数字型单元格的个数。

COUNTA 函数返回指定范围内非空单元格的个数，单元格的类型不限。

COUNTIF 函数用来统计指定范围内满足给定条件的单元格数目。

COUNTIFS 函数用来统计一组给定条件所指定的单元格数目。

4.1.2 逻辑判断函数 IF

IF 函数的功能：判断给出的条件是否满足，如果满足则返回一个值，如果不满足则返回另一个值。

4.1.3 条件格式

条件格式的功能是突出显示满足特定条件的单元格，如果单元格中的值发生改变而不满足设定的条件，Excel 会取消该单元格的突出显示，在 Excel 2010 中还可以采用数据条、色阶和图标集等突出显示所关注的单元格区域，用于直观地表现数据。条件格式会基于条件来更改单元格区域的外观。

4.1.4 图表

利用工作表中的数据制作图表，可以更加清晰、直观、生动地表现数据。图表比数据更易于表达数据之间的关系及数据变化的趋势。

4.2 实验目的

1. 熟练掌握统计函数 COUNT、COUNTIF 及 COUNTIFS 的使用方法。

2. 熟练掌握逻辑判断函数 IF 的使用方法。

3. 掌握条件格式的设置方法。

4. 熟练使用图表的创建、修改及格式化。

4.3 实验内容

1. 用统计函数制作成绩统计表

（1）从“各科成绩表”中，将 4 门课程的“班级平均分”“班级最高分”和“班级最低分”的数据引用到“成绩统计表”的相应单元格中。

（2）在“成绩统计表”的相应单元格中，统计“各科成绩表”中 4 门课程的“参考人数”和“应考人数”。

（3）在“成绩统计表”的相应单元格中，用 COUNTIF 函数统计“各科成绩表”中 4 门课程的“缺考”人数、“90～100”分数段人数和“小于 60”分数段的人数。

（4）在“成绩统计表”中，计算 4 门课程的优秀率和及格率。

2. 用 IF 函数与条件格式制作各科等级表

（1）复制“各科成绩表”工作表，并将复制后的工作表更名为“各科等级表”。在“各科等级表”中，清除 4 门课程列中的分数内容，清除“总分”列的所有属性，删除分数统计所在单元格区域。

（2）在“各科等级表”的“应用文写作”列中，利用 IF 函数引用“各科成绩表”中“应用文写作”列的对应分数进行逻辑判断，如果分数在 60 分以上的返回“及格”，否则返回“不及格”。

（3）在“各科等级表”的“应用文写作”列中，利用 IF 函数再添加一个条件：对“各科成绩表”的“应用文写作”列中成绩为“缺考”的考生，在“各科等级表”的对应位置仍设置为“缺考”。

（4）在“各科等级表”的“大学英语”“计算机应用”“高等数学”列中，利用 IF 嵌套函数，引用“各科成绩表”中对应的 3 门课程的分数，按照表 4-1 中分数与成绩等级的对应关系，在相应的科目中进行成绩等级设置。

表 4-1　分数与成绩等级的对应关系

分数	等级
缺考	缺考
分数≥90	A
90>分数≥80	B
80>分数≥70	C
70>分数≥60	D
分数<60	E

（5）在“各科等级表”中，利用条件格式将 4 门课程中所有“缺考”的单元格设置为“浅红填充

色深红色文本”，在“各科等级表”中，利用条件格式将 4 门课程中所有成绩等级为“不及格”或为“E”的单元格设置成“黄色底纹红色加粗字体”。

（6）在“各科成绩表”中，用条件格式中的图标集形象地表现“高等数学”列的数据。大于等于 85 的分数用“ ”表示，小于 85 并且大于等于 60 的分数用“!”表示，小于 60 的分数用“×”表示。

3. 用成绩统计表数据制作图表

（1）在“成绩统计表”中，根据各分数段人数及缺考人数制作图表。要求图表类型为“簇状柱形图”，设置图表布局为“布局 9”、图表样式为“样式 26”。

（2）在“成绩统计表”工作表中，为图表添加“模拟运算表”，将“图例”位置移动到顶部显示。

（3）在“成绩统计表”工作表中，将图表类型改为“簇状圆柱图”“切换行/列”，从图表中删除“缺考人数”，将图表移动到工作簿的新工作表中，并将新工作表命名为“成绩统计图”。

（4）在“成绩统计图”工作表中，调整三维视图的角度，修改图表标题及坐标轴标题。

（5）在“成绩统计图”工作表中，设置“图表区”“背景墙”的填充效果，修饰“图表标题”。

4.4 思考题

1. 选择图表的数据源时，如何选择不连续的数据区域?
2. 如何修改图表?
3. 对已建立完成的图表，应如何添加“图表标题”？
4. 对图表进行格式化时，应该如何操作?
5. 将“图表区”的填充效果设置为“雨后初晴”，应如何操作?

Test

5

实验 5 PowerPoint 演示文稿的建立与设置

5.1 相关知识点

5.1.1 创建 PowerPoint 文件并新建幻灯片

打开 Office PowerPoint 软件，按【Ctrl+M】组合键，或在“开始”选项卡的“幻灯片”组中单击“新建幻灯片”按钮，可以添加多张幻灯片，如图 5-1 所示。

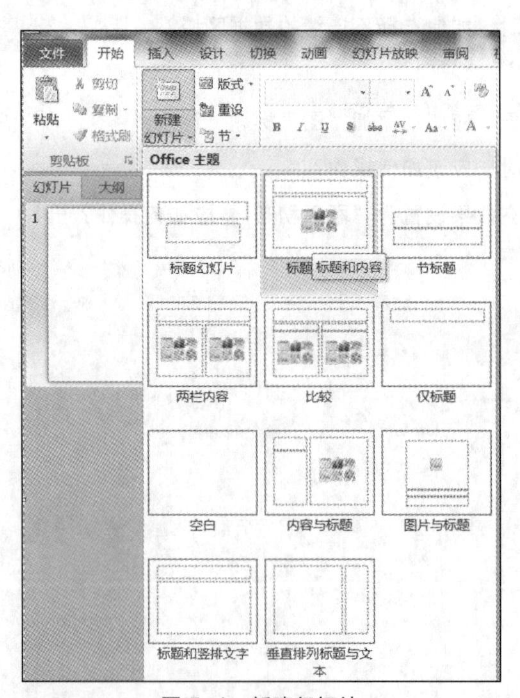

图 5-1 新建幻灯片

5.1.2 在幻灯片中插入文本框、表格、图片、SmartArt 图形、音频等

可以直接在新建的幻灯片中输入文本文字，还可以插入各种对象来丰富幻灯片的内容形式，“插入”

选项中的各项内容如图 5-2 所示。

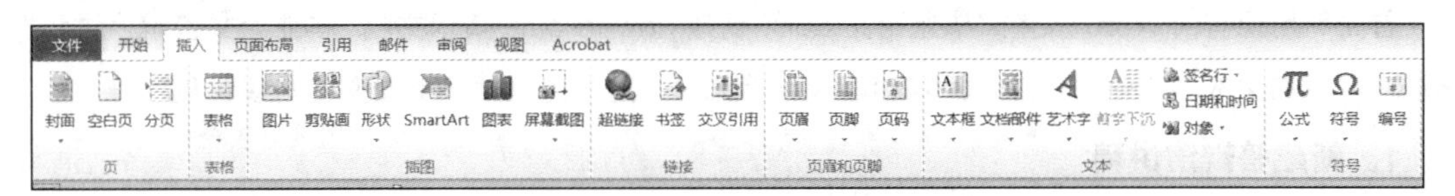

图 5-2 “插入”选项中的各项内容

5.1.3 应用主题、背景美化幻灯片外观

可以在“设计”选项卡中设置主题和背景样式等内容，用以美化幻灯片，如图 5-3 所示。

图 5-3 设置幻灯片的主题或背景样式等

5.1.4 为幻灯片设置动态效果

为幻灯片设置“切换”或“动画”的动态效果，如图 5-4 所示。

图 5-4 设置幻灯片的“切换”或“动画”的动态效果

5.2 实验目的

1. 熟练掌握 PowerPoint 演示文稿的编辑功能。
2. 掌握添加音频和艺术字、编辑图片、简单设计文字及排版等基本技巧。
3. 掌握幻灯片之间的切换及动画的添加方法。
4. 掌握幻灯片的设计和基本修饰技巧。

5.3 实验内容

任务的提出

学生小陈通过几个月的努力奋战，终于完成了毕业论文设计。接下来就要使用 PowerPoint 制作答辩演讲稿，以使答辩生动形象、引人入胜。

解决方案

首先利用现有的 Word 文档“毕业论文.doc”创建 PowerPoint 演示文稿“毕业论文答辩演讲稿”。然后通过添加文本、美化幻灯片、添加动画效果等方法，逐步完善“毕业论文答辩演讲稿”。

1. 新建答辩演讲稿

要求

新建演示文稿“论文答辩.pptx”。

操作方法

单击快速启动工具栏上的“保存”按钮，打开“另存为”对话框。

2. 由 Word 大纲制作演讲稿大纲

要求

将“毕业论文（大纲）.docx”导入到新建演示文稿“论文答辩.pptx”中。

操作方法

在“开始”选项卡的“幻灯片”组中单击“新建幻灯片”按钮旁的下拉箭头，在弹出的下拉列表中选择“幻灯片（从大纲）”命令，打开“插入大纲”对话框。

3. 在幻灯片上添加文本

在幻灯片中输入文本，可以采用以下三种方法。

（1）在大纲区中输入文本。

（2）通过文本框输入文本。

（3）通过“文本”占位符输入文本。

4. 插入新幻灯片

要求

在“论文答辩.pptx”演示文稿中添加“目录”幻灯片。

操作方法

按【Ctrl+M】组合键，或在“开始”选项卡的“幻灯片”组中单击“新建幻灯片”按钮。

5. 插入其他演示文稿中的幻灯片

要求

将“论文答辩（部分幻灯片）.pptx”中的幻灯片插入到当前演示文稿“论文答辩.pptx”。

操作方法

在“开始”选项卡的“幻灯片”组中单击“新建幻灯片”按钮旁的下拉箭头，在下拉列表中选择“重用幻灯片”命令。

6. 丰富答辩演讲稿内容

（1）添加图片。

（2）添加 SmartArt 图形。

（3）插入表格。

（4）插入图表。

（5）为幻灯片设置页眉和页脚。

7. 美化答辩演讲稿外观

（1）通过主题美化演示文稿。

（2）利用背景样式设置幻灯片背景。

（3）通过母版制作风格统一的演示文稿。

（4）更改项目符号。

8. 设置幻灯片放映效果

（1）简单放映幻灯片。

（2）为幻灯片中的对象设置动画效果。

（3）为幻灯片设置切换效果。

（4）自动循环放映幻灯片。

（5）创建交互式演示文稿。

（6）添加背景音乐。

5.4 思考题

仿照本实验案例，查阅相关资料制作一份用于“中日动画片比较研究”的演讲文稿。

Test

6

实验 6 Python 程序设计入门

6.1 相关知识点

6.1.1 Windows 平台安装 Python

在 Windows 平台上安装 Python 的简单步骤如下。

（1）打开 Web 浏览器访问 http://www.python.org/download/。

（2）在下载列表中选择 Windows 平台安装包，安装包名称为 python-XYZ.exe 文件，XYZ 是安装包的版本号。

（3）下载后，双击下载包，进入 Python 安装向导，安装过程非常简单，根据默认的设置一直单击“下一步”按钮直到安装完成即可。

6.1.2 Turtle 库简介

Turtle 库是 Python 语言中一个很流行的绘制图像的函数库。

1. 画布（canvas）

画布就是 Turtle 为我们展开的用于绘图的区域，我们可以设置它的大小和初始位置。

（1）设置画布大小：

```
turtle.screensize(canvwidth=None, canvheight=None, bg=None)
```

参数分别为画布的宽（单位为像素）、高、背景颜色。例如：

```
turtle.screensize(700,500, "green")
turtle.screensize() #返回默认大小(300, 200)
```

（2）设置画布初始位置：

```
turtle.setup(width=0.6, height=0.85, startx=None, starty=None)
```

（width，height）输入为整数时，表示像素；输入为小数时，表示占据电脑屏幕的比例。（startx，

starty）表示矩形窗口左上角顶点的位置，如果为空，则窗口位于屏幕中心。例如：

```
turtle.setup(width=0.7,height=0.8)
turtle.setup(width=300,height=400, startx=200, starty=200)
```

2. 画笔

（1）画笔的状态

在画布上，默认坐标系的原点位于画布中心，坐标原点上有一只面朝 x 轴正方向的小乌龟。这里我们描述小乌龟时使用了两个词语：坐标原点（位置），面朝 x 轴正方向（方向）。Turtle 绘图中，就是使用位置和方向来描述小乌龟（画笔）状态的。

（2）画笔的属性

① turtle.pensize()：设置画笔的宽度。

② turtle.pencolor()：若没有参数传入，则返回当前画笔颜色；若有参数传入，则按照传入的参数设置画笔颜色，参数形式可以是字符串如"green"，也可以是 RGB 三元组。

③ turtle.speed(speed)：设置画笔移动速度，画笔绘制的速度范围为[0,10]之间的整数，数字越大移动越快。

（3）绘图命令

操纵小乌龟绘图有许多命令，这些命令可以划分为两种：画笔运动命令、画笔控制命令。

画笔运动命令和画笔控制命令如表 6-1 和表 6-2 所示。

表 6-1 画笔运动命令

命令	说明
turtle.forward(distance)	向当前画笔方向移动 distance 像素长度
turtle.backward(distance)	向当前画笔相反方向移动 distance 像素长度
turtle.right(degree)	顺时针移动 degree°
turtle.left(degree)	逆时针移动 degree°
turtle.pendown()	移动时绘制图形，默认时也为绘制图形
turtle.goto(x,y)	将画笔移动到坐标为 x,y 的位置
turtle.penup()	提起笔移动，不绘制图形，用于另起一个地方绘制
turtle.circle()	画圆，半径为正（负），表示圆心在画笔的左边（右边）
setx( )	将当前 x 轴移动到指定位置
sety( )	将当前 y 轴移动到指定位置
setheading(angle)	设置当前朝向为 angle 角度
home()	设置当前画笔位置为原点，朝向东
dot(r)	绘制一个指定直径和颜色的圆点

表 6-2　画笔控制命令

命令	说明
turtle.fillcolor(colorstring)	绘制图形的填充颜色
turtle.color(color1, color2)	同时设置 pencolor=color1, fillcolor=color2
turtle.filling()	返回当前是否在填充状态
turtle.begin_fill()	准备开始填充图形
turtle.end_fill()	填充完成
turtle.hideturtle()	隐藏画笔的 turtle 形状
turtle.showturtle()	显示画笔的 turtle 形状

6.2 实验目的

1. 熟悉 Python 运行开发环境。
2. 掌握建立、编辑和运行一个简单的 Python 程序的全过程。
3. 熟悉 Turtle 库的使用。

6.3 实验内容

Python 的集成开发环境 IDLE 如图 6-1 所示，它虽然简单，但极其实用。

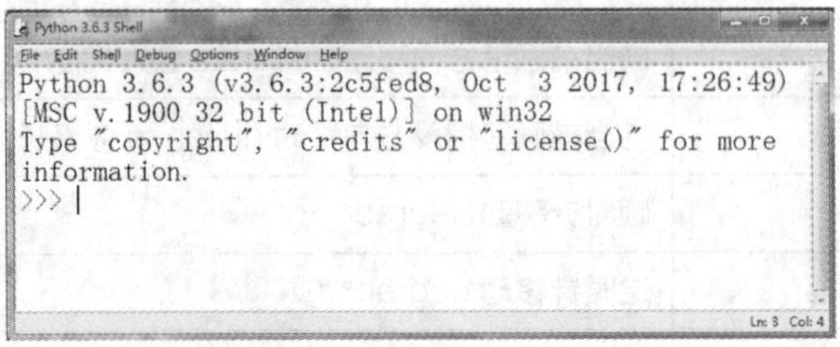
Python 3.6.3 Shell
File Edit Shell Debug Options Window Help
Python 3.6.3 (v3.6.3:2c5fed8, Oct 3 2017, 17:26:49)
[MSC v.1900 32 bit (Intel)] on win32
Type "copyright", "credits" or "license()" for more
information.
>>>
Ln: 3 Col: 4

图 6-1　Python 的集成开发环境 IDLE

第一次启动 IDLE 时，会显示“三个大于号”提示符（>>>），可以在这里输入代码。Shell 得到代码语句后会立即执行，并在屏幕上显示生成结果，如图 6-2 所示。

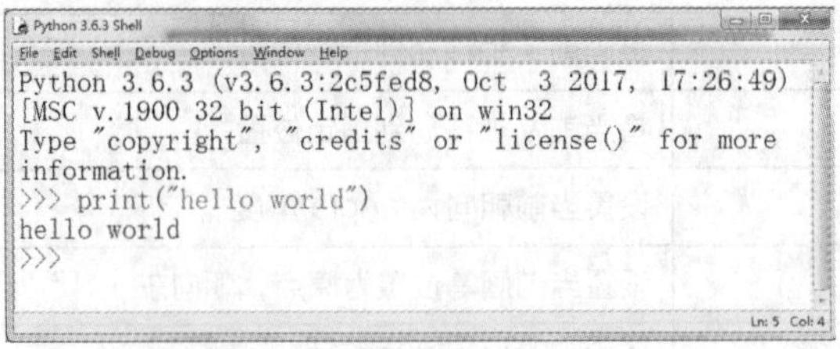
Python 3.6.3 Shell
File Edit Shell Debug Options Window Help
Python 3.6.3 (v3.6.3:2c5fed8, Oct 3 2017, 17:26:49)
[MSC v.1900 32 bit (Intel)] on win32
Type "copyright", "credits" or "license()" for more
information.
>>> print("hello world")
hello world
>>>
Ln: 5 Col: 4

图 6-2　屏幕显示生成结果

IDLE 使用区分颜色的语法来突出显示代码。默认情况下，内置函数是紫色，字符串是绿色，Python 语言的关键字（如 if）是橙色，生成的所有结果显示为蓝色。如果不喜欢这些颜色，调整 IDLE 的首选项就可以改变颜色。此外，IDLE 也很清楚 Python 的缩进语法（Python 要求代码块缩进），它会根据需要自动缩进。

下面介绍编写 Python 程序时常用的 IDLE 选项，按照不同的菜单分别列出，供初学者参考。

对于“Edit”菜单，常用的选项及解释如下。

Undo：撤销上一次的修改。

Redo：重复上一次的修改。

Cut：将所选文本剪切至剪贴板。

Copy：将所选文本复制到剪贴板。

Paste：将剪贴板的文本粘贴到光标所在位置。

Find：在窗口中查找单词或模式。

Find in files：在指定的文件中查找单词或模式。

Replace：替换单词或模式。

Go to line：将光标定位到指定行首。

对于“Format”菜单，常用的选项及解释如下。

Indent region：使所选内容右移一级，即增加缩进量。

Dedent region：使所选内容左移一级，即减少缩进量。

Comment out region：将所选内容变成注释。

Uncomment region：去除所选内容每行前面的注释符。

New indent width：重新设定制表位缩进宽度，范围为 2～16，宽度为 2，相当于 1 个空格。

Expand word：单词自动完成。

Toggle tabs：打开或关闭制表位。

IDLE 提供了大量的特性，不过只须了解其中的一小部分就能更好地使用 IDLE。

先键入一些代码，然后按下 Tab 键。IDLE 会提供一些建议，帮助你完成这个语句，如图 6-3 所示。

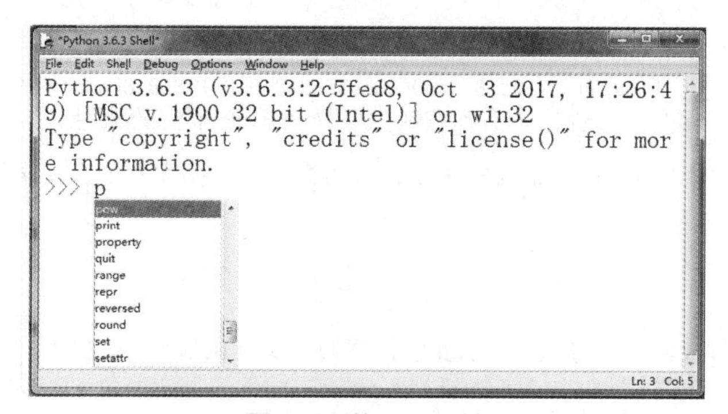

图 6-3　按下 Tab 键

按下【Alt+P】组合键可以回到在 IDLE 中之前输入的代码语句，或者按下【Alt+N】组合键移至下个代码语句(如果有的话)。可以利用这两个组合键在 IDLE 中已输入的所有代码之间进行快速转换，根据需要重新执行其中的任何代码语句。

1. 美元兑换

【指导】

首先需要根据输入的符号判断数字代表的是美元还是人民币，如果输入的符号是$，代表输入的是美元；如果输入的符号是￥，代表输入的是人民币；如果是其他符号，则说明输入有误。确定好输入的货币种类之后，开始取金额，并根据相应的货币转换公式进行计算，然后将转换后的结果输出。

【参考程序】

```
1.    money=input("请输入要转换的金额，例子：$2/￥6 的形式,e 退出：")
2.    mode=money[0]
3.    if mode == '$':
4.          val=eval(money[1:])
5.          trans=val*6
6.          print('{}->>￥{}'.format(money,trans))
7.    elif mode == '￥':
8.          val=eval(money[1:])
9.          trans=val/6
10.         print('{}->>${}'.format(money,trans))
11.   else:
12.         print("您输入的有误")
```

【运行结果】

请输入要转换的金额，例子：$2/￥6 的形式，e 退出：$2

```
$2->>￥12
```

请输入要转换的金额，例子：$2/￥6 的形式，e 退出：￥6

```
￥6->>$1.0
```

【说明】

此程序所解决的问题是现实生活中实际存在的问题，这个例子虽然用到了一些后续 Python 语言知识，但可以通过它来熟悉 Python 语言的基本语法结构，为后续深入理解和学习打下基础。

2. 绘制花心

【指导】

心的上半部分需要不断地调整角度，因此它需要通过循环来实现，心的下半部分是两条对称直线。

【参考程序】

```
1.          from turtle import *
```

```
2.        def curvemove():
3.            for i in range(200):
4.                right(1)
5.                forward(1)
6.        color('red','pink')
7.        begin_fill()
8.        left(140)
9.        forward(111.65)
10.       curvemove()
11.       left(120)
12.       curvemove()
13.       forward(111.65)
14.       end_fill()
15.       done()
```

【运行结果】

运行结果如图 6-4 所示。

图 6-4　绘制花心结果

【说明】

通过调整不同的角度可以画出不同形状的心形图形。

6.4 思考题

1. 绘制一条彩色的蟒蛇，如图 6-5 所示。

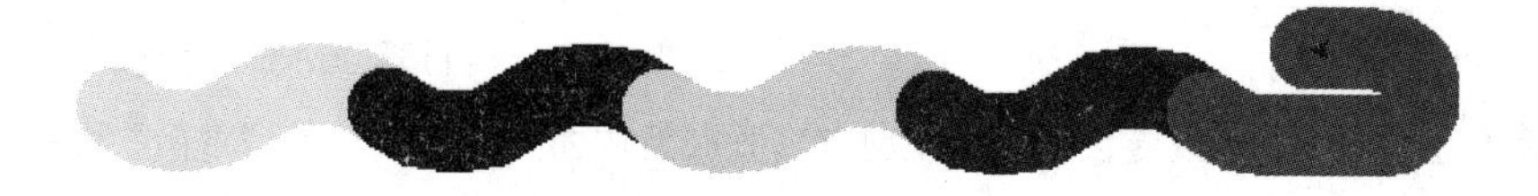

图 6-5　绘制蟒蛇结果

2. 绘制太极八卦图案，如图 6-6 所示。

图 6-6　绘制太极八卦图案结果

3. 绘制花朵，如图 6-7 所示。

图 6-7　绘制花朵结果

Test

7

实验 7 变量与数据类型

7.1 相关知识点

7.1.1 变量赋值

Python 中的变量赋值不需要类型声明。每个变量在内存中创建，变量中包括变量的标识、名称和数据等信息。每个变量在使用前都必须赋值，因为变量赋值以后该变量才会被创建。等号（=）用来给变量赋值。等号（=）运算符左边是一个变量名，等号（=）运算符右边是存储在变量中的值。

7.1.2 字符串

字符串或串（String）是由数字、字母、下划线组成的一串字符。

7.1.3 算术运算符

算术运算符如表 7-1 所示。

表 7-1 算术运算符

运算符	描述	实例
+	加：两个对象相加	a + b 输出结果 30
-	减：得到负数或是一个数减去另一个数	a -b 输出结果-10
*	乘：两个数相乘或是返回一个被重复若干次的字符串	a * b 输出结果 200
/	除：x 除以 y	b / a 输出结果 2
%	取模：返回除法的余数	b % a 输出结果 0
**	幂：返回 x 的 y 次幂	a**b 为 10 的 20 次方，输出结果 100000000000000000000
//	取整除：返回商的整数部分	9//2 输出结果 4, 9.0//2.0 输出结果 4.0

7.1.4 赋值运算符

赋值运算符如表 7-2 所示。

表 7-2 赋值运算符

运算符	描述	实例
=	简单的赋值运算符	c = a + b 将 a + b 的运算结果赋值为 c
+=	加法赋值运算符	c += a 等效于 c = c + a
-=	减法赋值运算符	c -= a 等效于 c = c - a
*=	乘法赋值运算符	c *= a 等效于 c = c * a
/=	除法赋值运算符	c /= a 等效于 c = c / a
%=	取模赋值运算符	c %= a 等效于 c = c % a
**=	幂赋值运算符	c **= a 等效于 c = c ** a
//=	取整除赋值运算符	c //= a 等效于 c = c // a

7.1.5 位运算符

位运算符如表 7-3 所示。

表 7-3 位运算符

运算符	描述	实例
&	按位与运算符：参与运算的两个值，如果两个相应位都为 1，则该位的结果为 1，否则为 0	(a & b) 输出结果 12，二进制解释：0000 1100
|	按位或运算符：只要对应的两个二进制位有一个为 1 时，结果位就为 1	(a | b) 输出结果 61，二进制解释：0011 1101
^	按位异或运算符：当对应的两个二进制位相异时，结果为 1	(a ^ b) 输出结果 49，二进制解释：0011 0001
~	按位取反运算符：对数据的每个二进制位取反，即把 1 变为 0，把 0 变为 1。~x 类似于-x-1	(~a) 输出结果-61，二进制解释：1100 0011，这是-61 的二进制数的补码形式
<<	左移运算符：运算数的各二进制位全部左移若干位，由<< 右边的数字指定移动的位数，高位丢弃，低位补 0	a << 2 输出结果 240，二进制解释：1111 0000
>>	右移运算符：把>>左边的运算数的各二进制位全部右移若干位，>> 右边的数字指定移动的位数	a >> 2 输出结果 15，二进制解释：0000 1111

7.2 实验目的

掌握基本的变量概念和运算符操作。

7.3 实验内容

变量存储值在内存中，这就意味着在创建变量时会在内存中开辟一个空间。基于变量的数据类型，解释器会分配指定内存，并决定什么数据可以被存储在内存中。因此，变量可以指定不同的数据类型，这些变量可以存储整数、小数或字符等。

Python 中的变量赋值如下所示。

```
1.   counter = 100     # 赋值整型变量
2.   miles = 1000.0    # 浮点型
3.   name = "James"    # 字符串
4.   print (counter)
5.   print (miles)
6.   print (name)
```

以上实例中，100、1000.0 和"James"分别赋值给 counter、miles 和 name 变量。执行以上程序后，运行结果如图 7-1 所示。

```
>>> ================================ RESTART ================================
>>>
100
1000.0
James
>>> |
```

图 7-1　运行结果（1）

字符串或串（String）是编程语言中表示文本的数据类型。一般记为：

```
s="a1a2•••an"（n≥0）
```

Python 的字符串列表有以下 2 种取值顺序。

（1）正向索引：从字符串左侧开始，默认为 0，从左到右依次增大，最大为字符串的长度减去 1。

（2）反向索引：从字符串右侧开始，默认为-1，从右到左依次减小，最小字符串的长度取负。

如果要实现从字符串中获取一段子字符串，可以使用变量 [头下标:尾下标]，就可以截取相应的字符串，其中下标是从 0 开始算起，可以是正数或负数，下标为空表示截取到头或尾。例如：

```
1.   str = "Hello World!"
2.   print (str)              # 输出完整字符串
3.   print (str[0])           # 输出字符串中的第一个字符
4.   print (str[2:5])         # 输出字符串中第三个至第五个之间的字符串
5.   print (str[2:])          # 输出从第三个字符开始的字符串
6.   print (str * 2)          # 输出字符串两次
7.   print (str + "TEST")     # 输出连接的字符串
```

以上程序执行后，运行结果如图 7-2 所示。

```
>>> ================================ RESTART ================================
>>>
Hello World!
H
llo
llo World!
Hello World!Hello World!
Hello World!TEST
>>> |
```

图 7-2 运行结果（2）

假设变量 a=21、b=10，以下实例演示了 Python 所有算术运算符的操作。

```
1.   a = 21
2.   b = 10
3.   c = 0
4.   c = a + b
5.   print ("1 - c 的值为：", c)
6.   c = a - b
7.   print ("2 - c 的值为：", c)
8.   c = a * b
9.   print ("3 - c 的值为：", c)
10.  c = a / b
11.  print ("4 - c 的值为：", c)
12.  c = a % b
13.  print ("5 - c 的值为：", c)
14.  # 修改变量 a 、b 、c
15.  a = 2
16.  b = 3
17.  c = a**b
18.  print ("6 - c 的值为：", c)
19.  a = 10
20.  b = 5
21.  c = a//b
22.  print ("7 - c 的值为：", c)
```

以上程序执行后，运行结果如图 7-3 所示。

```
>>> ================================ RESTART ================================
>>>
1 - c 的值为： 31
2 - c 的值为： 11
3 - c 的值为： 210
4 - c 的值为： 2.1
5 - c 的值为： 1
6 - c 的值为： 8
7 - c 的值为： 2
>>> |
```

图 7-3 运行结果（3）

假设变量 a 为 21，变量 b 为 10，以下实例演示了 Python 所有赋值运算符的操作。

```
1.   a = 21
2.   b = 10
3.   c = 0
4.   c = a + b
5.   print ("1 - c 的值为：", c)
6.   c += a
7.   print ("2 - c 的值为：", c)
8.   c *= a
9.   print ("3 - c 的值为：", c)
10.  c /= a
11.  print ("4 - c 的值为：", c)
12.  c = 2
13.  c %= a
14.  print ("5 - c 的值为：", c)
15.  c **= a
16.  print ("6 - c 的值为：", c)
17.  c //= a
18.  print ("7 - c 的值为：", c)
```

以上程序执行后，运行结果如图 7-4 所示。

```
>>> ================================ RESTART ================================
>>>
1 - c 的值为:  31
2 - c 的值为:  52
3 - c 的值为:  1092
4 - c 的值为:  52.0
5 - c 的值为:  2
6 - c 的值为:  2097152
7 - c 的值为:  99864
>>> |
```

图 7-4　运行结果（4）

按位运算符是把数字看作二进制来进行计算的。假设变量 a 为 60，变量 b 为 13，以下实例演示了 Python 所有按位运算符的操作。

```
1.   a = 60            # 60 = 0011 1100
2.   b = 13            # 13 = 0000 1101
3.   c = a & b;        # 12 = 0000 1100
4.   print ("1 - c 的值为：", c)
5.   c = a | b;        # 61 = 0011 1101
6.   print ("2 - c 的值为：", c)
7.   c = a ^ b;        # 49 = 0011 0001
8.   print ("3 - c 的值为：", c)
```

```
9.   c = ~a;            # -61 = 1100 0011
10.  print ("4 - c 的值为：", c)
11.  c = a << 2;        # 240 = 1111 0000
12.  print ("5 - c 的值为：", c)
13.  c = a >> 2;        # 15 = 0000 1111
14.  print ("6 - c 的值为：", c)
```

以上程序执行后，运行结果如图 7-5 所示。

```
>>> ================================ RESTART ================================
>>>
1 - c 的值为： 12
2 - c 的值为： 61
3 - c 的值为： 49
4 - c 的值为： -61
5 - c 的值为： 240
6 - c 的值为： 15
>>> |
```

图 7-5　运行结果（5）

7.4 思考题

1. 编写程序，输入三角形的三条边长 *a*、*b*、*c*（假设三条边满足构成三角形的条件），计算并输出该三角形的面积 area。

【提示】设 $t=(a+b+c)/2$，则面积 area= $\sqrt{t(t-a)(t-b)(t-c)}$

2. 试编写一个程序，从键盘输入变量 a 和 b 的值，将它们打印（显示到屏幕）出来；然后将二者的值进行交换，并打印交换后的 a、b 值。例如，a 和 b 的输入值分别是 5 和 8，交换后，a 的值为 8 而 b 的值为 5。

3. 利用字符串的知识编写程序，运行结果如图 7-6 所示。

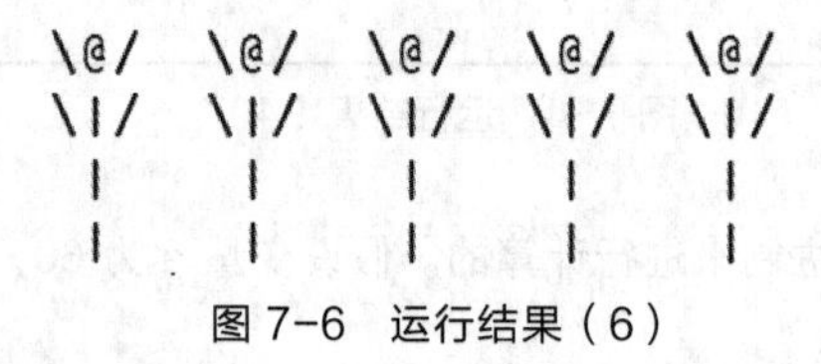

图 7-6　运行结果（6）

Test

8

实验 8 顺序结构

8.1 相关知识点

8.1.1 顺序结构含义

结构化程序设计有 3 种基本结构：顺序结构、选择结构和循环结构。顺序结构是其中最基本的结构，它有两层含义：一方面指程序要按照执行的先后顺序一条语句一条语句地书写；另一个方面是指程序严格按照语句书写的先后顺序，由上至下依次执行。

8.1.2 赋值语句

1. 基本赋值

Python 语言中，等号（=）是主要的赋值操作符，例如：

```
1.  anInt = -12
2.  aString = "Python"
3.  aFloat = 3.1415926
4.  anotherString = "I Love " + "Python"
```

2. 增量赋值

增量赋值如下。

```
1.  x = x + 1
2.  #可写作：
3.  x + = 1
```

增量赋值的优点如下。

（1）程序员输入减少。

（2）左侧只需计算一次。在完整形式 x = x+y 中，x 出现两次，必须执行两次。因此，增量赋值语句通常执行得更快。

（3）优化技术会自动选择。对于支持在原处修改的对象而言，增量形式会自动执行原处的修改运算，而不是执行相对来说速度更慢的复制。

3. 多重赋值

多重赋值语句就是直接把所有提供的变量名都赋值给右侧的对象：

```
1.   >>> a = b = c = 'spam'
2.   >>> a,b,c
3.   ('spam', 'spam', 'spam')
4.   >>> a is b is c
5.   True
```

其相当于以下三个赋值语句：

```
1.   >>> a = 'spam'
2.   >>> b = a
3.   >>> c = a
```

4. 多元赋值

另一种将多个变量同时赋值的方法称为多元赋值，例如：

```
1.   >>> x, y, z = 1, 2, 'Python'
2.   >>> x
3.   1
4.   >>> y
5.   2
6.   >>> z
7.   'Python'
```

8.1.3 输入函数 input()

在 Python 3.x 中，input( )函数从控制台接收用户的任意输入，将所有输入默认为字符串处理，并返回字符串类型。函数的参数为提示信息，例如：

```
1.   >>> user=input("please input:")
2.   please input:wei
3.   >>> user
4.   'wei'
5.   >>> user=input("please input:")
6.   please input:123
7.   >>> user
8.   '123'
```

当需要输入数值时，需要利用 int()或者 float()函数进行转化。

8.1.4 输出函数print()

print()函数在编程实践中用得比较多，用于输出程序的结果。无论什么类型，数值、布尔、列表、字典等都可以直接输出。

```
1.  >>> x = 12
2.  >>> print(x)
3.  12
4.  >>> s = 'Hello'
5.  >>> print(s)
6.  Hello
7.  >>> L = [1,2,'a']
8.  >>> print(L)
9.  [1, 2, 'a']
10. >>> t = (1,2,'a')
11. >>> print(t)
12. (1, 2, 'a')
13. >>> d = {'a':1, 'b':2}
14. >>> print(d)
15. {'a': 1, 'b': 2}
```

8.2 实验目的

1. 掌握表达式、赋值语句的正确书写规则。
2. 掌握 Python 中的输入函数 input()。
3. 掌握 Python 中的输出函数 print()及格式化字符串。

8.3 实验内容

1. 运行下面的程序，分析其运行结果。

```
1.  i = 6
2.  j = 10.0
3.  a = "Hello"
4.  print("i=",  i ,",","j=",j," ","a=",a)
5.  x=y=a
6.  print("x=",x,",","y=",y," ","a=",a)
7.  x=y=i
```

```
8.   print("x=",x,",","y=",y," ","i=",i)
9.   x += j
10.  a += " Python"
11.  print("x=",x,",","a=",a)
12.  print("x=",x,",","y=",y)
13.  x,y = y,x
14.  print("x=",x,",","y=",y)
```

【指导】

（1）启动 Python 集成开发环境 IDLE。

（2）通过 File→New File 创建新的 Python 文件，后缀名为.py。

（3）将以上代码键入新建的 Python 文件，通过 Run→Run Module 或者 F5 键来运行程序，查看运行结果，如图 8-1 所示。

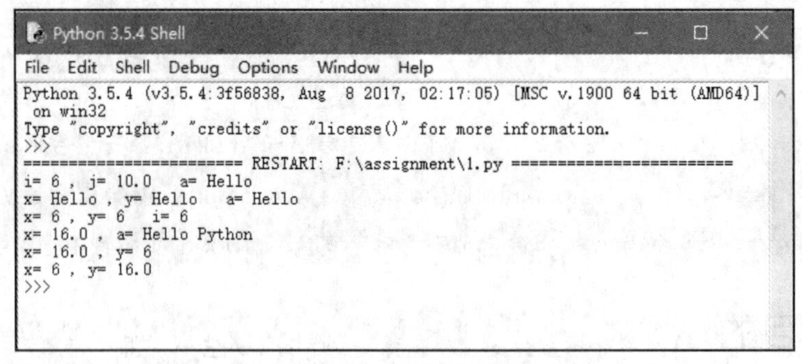

图 8-1 实验内容 1 程序运行结果

（4）对程序运行结果分析如下。

① 第一行输出结果分析：i 的值为整型，j 的值为浮点型，a 的值为字符串类型，均可以利用 print() 函数直接输出。

② 第二行输出结果分析：利用多重赋值将 x 和 y 均赋值为 a，这时 x 和 y 的值的类型为字符串类型。

③ 第三行输出结果分析：利用多重赋值将 x 和 y 均赋值为 i，这时 x 和 y 的值的类型是整型，赋值时是可以改变类型的。

④ 第四行输出结果分析：利用增量赋值对 a 赋值，相当于 a=a+" Python"，两个字符串相加，相连接组成一个新的长的字符串。

⑤ 第五行输出结果分析：利用增量赋值对 x 赋值，代码第九行 x+=j 相当于 x=x+j。

⑥ 第六行输出结果分析：x,y=y,x 相当于将 x 和 y 的值进行交换。

2. 通过下面的程序掌握各种格式控制字符的正确使用方法。

```
1.   name = "Wang Wu"
2.   age = 20
```

```
3.    phone number = "18688888888"
4.    print("The age of %s is %d, his phone number is %s." % (name, age, phoneNumber))
5.    height = 1.7145678332
6.    print("His height is %10.3f" % height)
7.    print("His height is %010.3f" % height)
8.    print("His height is %-10.3f" % height)
9.    print("His height is %+f" % height)
10.   print("His height is %.11f" % height)
```

运行以上程序，分析结果，体会控制字符的使用方法。

运行结果如图 8-2 所示。

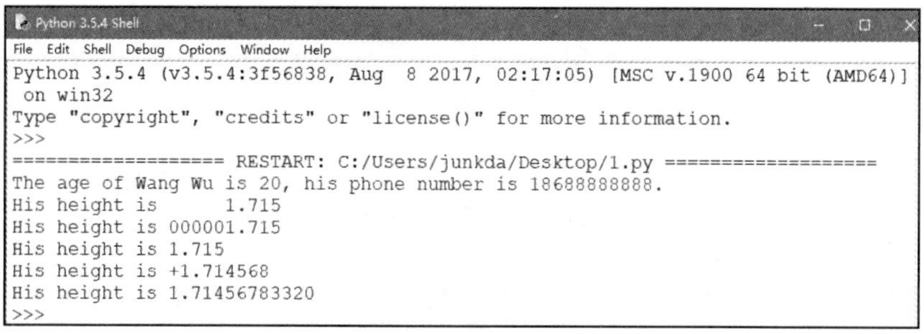

```
Python 3.5.4 Shell
File  Edit  Shell  Debug  Options  Window  Help
Python 3.5.4 (v3.5.4:3f56838, Aug  8 2017, 02:17:05) [MSC v.1900 64 bit (AMD64)]
 on win32
Type "copyright", "credits" or "license()" for more information.
>>>
=================== RESTART: C:/Users/junkda/Desktop/1.py ===================
The age of Wang Wu is 20, his phone number is 18688888888.
His height is      1.715
His height is 000001.715
His height is 1.715
His height is +1.714568
His height is 1.71456783320
>>>
```

图 8-2　实验内容 2 程序运行结果

3. 编写程序，将一个摄氏温度转化成华氏温度。表达式为华氏温度 $F=\frac{9}{5}C+32$，输入和输出要有文字说明，结果保留两位小数。

【指导】

利用 input 函数获取用户的输入，根据公式计算出结果，将字符串格式化后，利用 print 函数输出。

【参考程序】

```
1.    t_C = float(input("请输入摄氏温度："))
2.    t_F = 9*t_C/5+32
3.    print("对应的华氏温度为：%.2f" % t_F)
```

运行结果如图 8-3 所示。

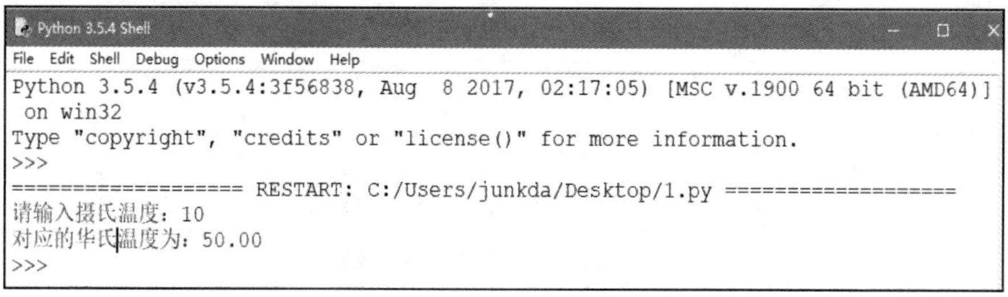

```
Python 3.5.4 Shell
File  Edit  Shell  Debug  Options  Window  Help
Python 3.5.4 (v3.5.4:3f56838, Aug  8 2017, 02:17:05) [MSC v.1900 64 bit (AMD64)]
 on win32
Type "copyright", "credits" or "license()" for more information.
>>>
=================== RESTART: C:/Users/junkda/Desktop/1.py ===================
请输入摄氏温度：10
对应的华氏温度为：50.00
>>>
```

图 8-3　实验内容 3 程序运行结果

【说明】

程序中 input 函数返回的是用户输入的字符串，所以需要使用 float 函数将字符串转换成浮点数。

8.4 思考题

1. 编写程序，输入一个 3 位的正整数，然后逆序输出，输入的数与产生的逆序数同时显示。例如输入 769，则输出 967。

【提示】利用%及//将一个 3 位数分离出 3 个 1 位数，然后连接成对应的逆序 3 位数。

2. 编写程序，利用 Turtle 绘制五角星图案，如图 8-4 所示。

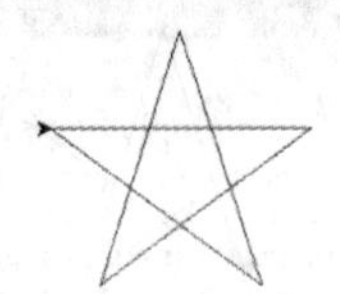

图 8-4 五角星图例

【提示】绘制五角星需要绘制 5 条直线，每条直线都是在前一条直线的基础上旋转一个角度后继续绘制的。

3. 观察图 8-5 所示的登机牌，分析哪些字符是打印时产生的，思考如何利用 print 函数产生类似空间分布的字符串。

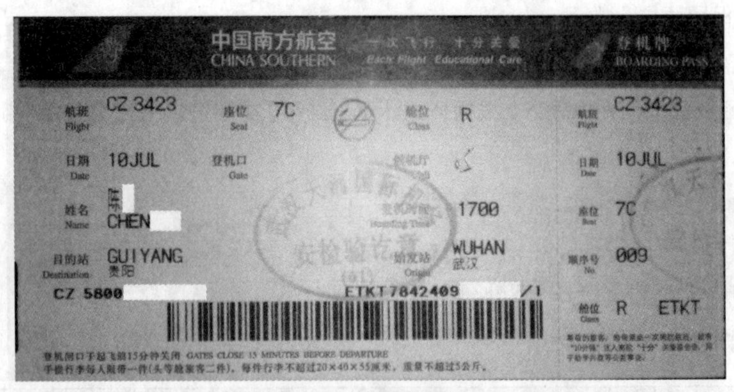

图 8-5 登机牌图例

Test

9

实验 9 选择结构

9.1 相关知识点

9.1.1 单分支结构

Python 中的 if 单分支结构由三部分组成：关键字 if、用于判断结果真假的条件表达式、当条件表达式结果为真时要执行的代码块。其语法结构如下。

```
1.  if expression:
2.      Expr_true_suite
```

9.1.2 双分支结构

Python 中 if-else 语句组成双分支，其语法结构如下。

```
1.  if expression:
2.      Expr_true_suite
3.  else:
4.      Expr_false_suite
```

9.1.3 多分支结构

当程序中有多个分支存在时，可以使用分支的嵌套，也可以利用 elif 多分支语句，其语法结构如下。

```
1.  if expression1:
2.      Expr1_true_suite
3.  elif expression2::
4.      Expr2_true_suite
5.  …
6.  elif expressionN::
7.      ExprN_true_suite
8.  else:
9.      All_Expr_false_suite
```

9.2 实验目的

1. 掌握逻辑表达式的正确书写形式。
2. 掌握单分支与双分支条件语句的使用。
3. 掌握多分支语句的使用。

9.3 实验内容

1. 编写程序，输入三个数 x、y、z，按从大到小的次序显示。

【指导】

（1）利用 input 函数输入三个数，然后对其进行比较。

（2）对三个数进行排序，只能通过两两比较，一般可用三个单分支 if 语句来实现，方法如下：先将 x 与 y 比较，使得 x>y；然后将 x 与 z 比较，使得 x>z，此时 x 最大；最后将 y 与 z 比较，使得 y>z。

（3）要显示多个数据，可以利用 print 函数的多个参数，也可以利用格式化字符串的形式。例如要输出 x，y，z，则可以使用以下样式：

```
print("排序前：",x,"   ",y, "   ",z)
```

也可以使用以下格式：

```
print("排序前：%d   %d    %d" % (x,y,z))
```

【流程图】

实验 1 的流程图如图 9-1 所示。

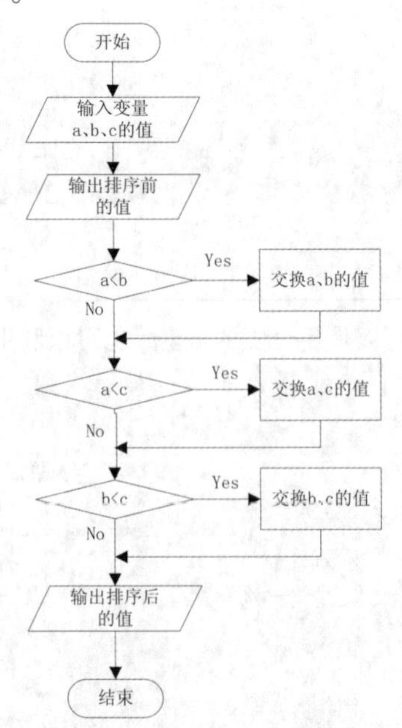

图 9-1 实验 1 程序流程图

【参考程序】

```
1.   x=int(input("请输入x: "))
2.   y=int(input("请输入y: "))
3.   z=int(input("请输入z: "))
4.   print("        x     y     z")
5.   print("排序前: %d    %d    %d" % (x, y, z))
6.   if x<y:
7.       x,y = y,x
8.   if x<z:
9.       x,z = z,x
10.  if y<z:
11.      y,z = z,y
12.  print("排序后: %d    %d    %d" % (x, y, z))
```

【说明】

(1)利用类似 x,y = y,x 的语句实现 x 和 y 两个数的交换。

(2)注意语句的执行顺序，比如要打印排序前的值，那么打印语句 print 一定要在开始排序之前执行，如本例的第 5 行；要打印排序后的值时，那么对应的打印语句要在排序之后执行，如本例的第 12 行。

2. 计算成绩的绩点。学生绩点的计算规则如表 9-1 所示，要求根据分数计算该分数所对应的绩点。

表 9-1 绩点与成绩对应关系表

成绩	等级	绩点
90～100	A	4.0
86～89	A-	3.7
81～85	B+	3.3
76～80	B-	2.7
71～75	C+	2.3
66～70	C-	2.0
60～65	D	1.3
60 以下	F	0

【指导】

(1)由于要计算的绩点有 8 种可能，所以需要有多个分支来处理。

(2)处理本例的多分支结构可以采用以下两种方式。

①采用双分支嵌套；②采用多分支结构。

【流程图】

实验 2 的流程图如图 9-2 所示。

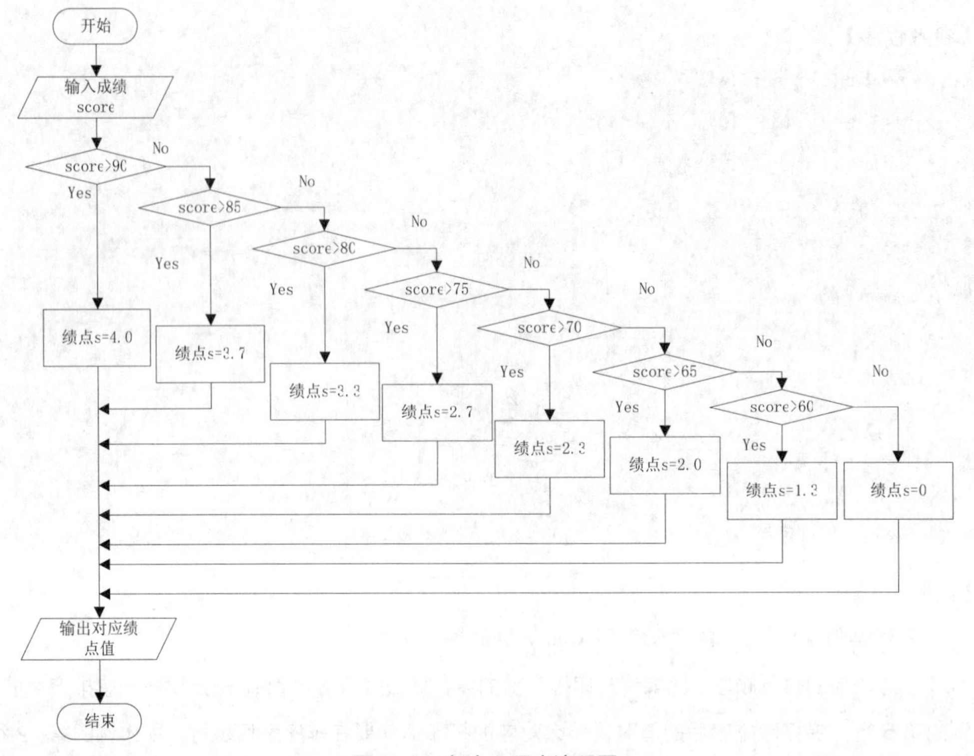

图 9-2　实验 2 程序流程图

【参考程序】

采用嵌套方式的参考程序如下。

```
1.    score = float(input("请输入成绩: "))
2.    if score >= 90:
3.          s = 4.0
4.    else:
5.          if score >= 85:
6.                s = 3.7
7.          else:
8.                if score >= 80:
9.                      s = 3.3
10.               else:
11.                     if score >= 75:
12.                           s = 2.7
13.                     else:
14.                           if score >= 70:
15.                                 s = 2.3
16.                           else:
```

```
17.                             if score >= 65:
18.                                 s = 2.0
19.                             else:
20.                                 if score >= 60:
21.                                     s = 1.3
22.                                 else:
23.                                     s = 0
24.  print("对应的绩点为：", s)
```

采用多分支的参考程序如下。

```
1.   score = float(input("请输入成绩："))
2.   if score >= 90:
3.       s = 4.0
4.   elif score >= 85:
5.       s = 3.7
6.   elif score >= 80:
7.       s = 3.3
8.   elif score >= 75:
9.       s = 2.7
10.  elif score >= 70:
11.      s = 2.3
12.  elif score >= 65:
13.      s = 2.0
14.  elif score >= 60:
15.      s = 1.3
16.  else:
17.      s = 0
18.  print("对应的绩点为：", s)
```

【说明】

（1）可以看出当分支数较多时，若采用分支嵌套的方式，会造成代码的可读性变差，所以 Python 不推荐使用多级嵌套的分支结构。

（2）注意多分支结构中表达式的判断顺序。

9.4 思考题

1. 个人所得税的计算。具体征收税率如表 9-2 所示。用键盘输入当年收入，计算应纳税数。

表 9-2 所得税计算表

级数	全年应纳税所得额	税率
1	不超过 36000 元	3%
2	为 36000 元至 144000 元	10%
3	超过 140000 元至 300000 元	20%
4	超过 300000 元至 420000 元	25%
5	应纳税所得额为 42000 元至 660000 元	30%
6	应纳税所得额为 660000 元至 960000 元	35%
7	应纳税所得额超过 960000 元	45%

2. 输入一元二次方程 $ax^2+bx+c=0$ 的系数 a、b、c，计算并输出一元二次方程的两个根 x1 和 x2。

【提示】求根时，要对 a、b、c 三个系数分别考虑多种情况进行处理，即无实根、重根和两个实根。

3. 输入三角形的三条边 a、b、c 的值，判断这三条边能否构成三角形。若能，还要显示该三角形是等边三角形、等腰三角形、直角三角形还是任意三角形。

4. 编写程序计算飞机票款。输入舱位代码和购票数量，输出总票款。国内客票的舱位等级主要分为头等舱（舱位代码为 F）、公务舱（舱位代码为 C）、经济舱（舱位代码为 Y）；经济舱里面又分不同的座位等级（舱位代码为 B、H、K、L、M、N、Q、T、X 等，价格也不一样）。票价规则为：F 舱为头等舱公布价，C 舱为公务舱公布价，Y 舱为经济舱公布价，B 舱为经济舱 9.0 折，H 舱为经济舱 8.5 折，K 舱为经济舱 8.0 折，L 舱为经济舱 7.5 折，M 舱为经济舱 7.0 折，N 舱为经济舱 6.5 折，Q 舱为经济舱 6.0 折，T 舱为经济舱 5.5 折，X 舱为经济舱 5.0 折。程序首先输入 F 舱、C 舱、Y 舱的公布价，然后输入舱位代码和购票数量，利用 elif 多分支语句处理不同的折扣情况，计算出飞机票款并输出。输入、输出都要有说明文字，结果保留两位小数。

5. 在篮球运动中，领先多少分才安全。篮球运动是高得分的比赛，领先优势可能很快会被反超。作为观众，希望能在球赛即将结束时提早知道哪种领先优势是不可超越的。暂时领先的球队的球迷们也想知道自己支持的球队何时才能胜券在握。体育作家 Bill James 的在线杂志已经在考虑这个问题，并开发了一种算法，用于判定篮球比赛中怎样的领先优势是不可超越的。Bill James 的算法是基于他多年观看篮球比赛的经验来判定当前领先的优势是否不可超越，用他的术语来表示即领先的队是否是“安全的”。当然，这种算法并不保证领先优势一定是安全的。他的算法如下。

（1）领先的一方的分数减去三分。

（2）如果目前是领先队控球，那么加上 0.5 分；如果落后队控球，则减去 0.5 分（数字小于 0 则变成 0）。

（3）计算结果的平方。

（4）如果得到的结果比当前比赛剩余时间秒数更大，那么这个领先优势是安全的。

编程实现 Bill James 的算法，并利用此算法判断篮球比赛中领先一方的领先优势是否是安全的。

Test

10

实验 10 循环结构

10.1 相关知识点

10.1.1 for 语句

for 语句是 Python 中最为常见的循环语句。for 循环会循环迭代一个可迭代对象（如列表、字符串等）中的所有元素，并在所有条目都处理过后结束循环。它的语法如下。

```
1.   for iter_var in iterable:
2.         suite_to_repeat
```

每次循环时，iter_var 迭代变量被设置成可迭代对象的当前元素，提供给 suite_to_repeat 语句块使用。最常见的是利用 range 产生可迭代对象，range 的具体语法如下。

```
range(start, end, step=1)
```

10.1.2 while 语句

while 语句的语法如下。

```
1.   while expression:
2.        suite_to_repeat
```

while 循环的 suite_to_repeat 语句块会一直循环执行，直到 expression 值为假。

10.1.3 break 语句

（1）break 语句用来终止循环语句，即使循环条件结果为 True 或者序列还没被遍历完，也会停止执行循环语句。

break 语句流程图如图 10-1 所示。

（2）break 语句用在 while 和 for 循环中。

（3）如果使用嵌套循环，break 语句将停止执行最深层的循环，并开始执行下一行代码。

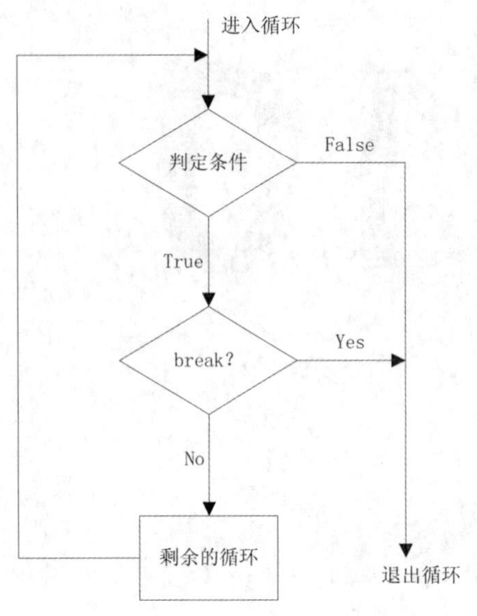

图 10-1　break 语句流程图

例如，计算 1 至 100 的整数和，我们用 while 语句来实现，程序如下。

```
1.   sum = 0
2.   x = 1
3.   while True:
4.       sum = sum + x
5.       x = x + 1
6.       if x > 100:
7.           break
8.   print(sum)
```

看似 while True 是一个死循环，但是在循环体内，我们还判断了 x > 100 条件成立时，用 break 语句退出循环，这样也可以实现循环的结束。

10.1.4 continue 语句

在循环过程中，可以用 break 退出当前循环，还可以用 continue 跳过后续循环代码，继续下一次循环。continue 语句流程图如图 10-2 所示。

假设我们已经写好了利用 for 循环计算平均分的代码，代码如下。

```
1.   L = [75, 98, 59, 81, 66, 43, 69, 85]
2.   sum = 0.0
3.   n = 0
4.   for x in L:
5.       sum = sum + x
6.       n = n + 1
```

```
7.    print(sum / n)
```

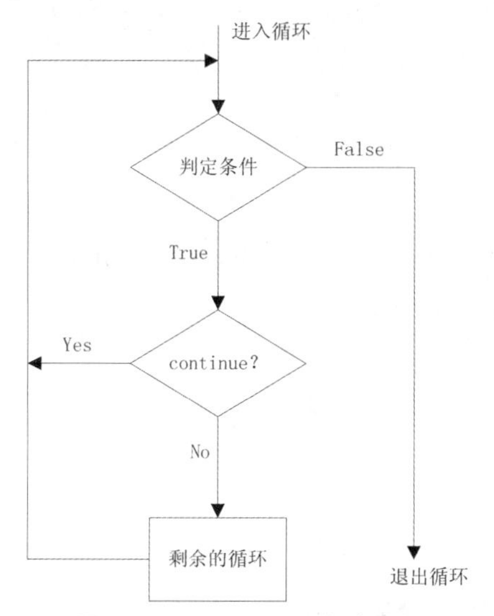

图 10-2　continue 语句流程图

现在只想统计及格分数的平均分，就要把 x < 60 的分数剔除掉，这时，利用 continue 可以确保当 x < 60 时，不继续执行循环体的后续代码，直接进入下一次循环，代码如下。

```
1.    for x in L:
2.        if x < 60:
3.            continue
4.        sum = sum + x
5.        n = n + 1
```

10.1.5　else 语句

Python 中的 for、while 循环都有一个可选的 else 分支（类似 if 语句那样）。若循环迭代正常结束，则会执行这个分支；若循环以非正常方式（如 break 语句、return 语句或者异常）结束，那么 else 分支将不被执行。else 语句常常可以使代码更加清晰、更具可读性。

10.2　实验目的

1. 掌握 for 循环及 range()函数的使用。
2. 掌握 while 循环语句的使用。
3. 掌握 break 语句和 continue 语句的使用。
4. 掌握如何控制循环条件，防止死循环或不循环。

10.3 实验内容

1. 输入两个正整数，求它们的最大公约数和最小公倍数。

【指导】

求最大公约数可用辗转相除法，该方法是古希腊数学家欧几里得给出的。该方法的算法思想是：

（1）对于已知两个数 m 和 n，使得 m>n。

（2）m 除以 n 得余数 r。

（3）若 r≠0，将 n 赋值给 m，将 r 赋值给 n，继续相除得到新的 r，直到 r=0 求得最大公约数，结束。

【参考程序】

```
1.   m = int(input("请输入一个整数："))
2.   n = int(input("请输入另一个整数："))
3.   m1, n1= m, n
4.   if m<n:
5.        m,n = n,m
6.   r = m % n
7.   while r != 0:
8.        m = n
9.        n = r
10.       r = m%n
11.  print("%d和%d的最大公约数是：%d"%(m1,n1,n))
```

【说明】

由于在辗转相除过程中 m 和 n 的值会发生变化，所以为了输出所输入的值，在进行最大公约数求解之前利用 m1 和 n1 将 m 和 n 的值暂时保存起来。

2. 求自然对数的底 e 的近似值，要求其误差小于 0.00001，求 e 近似值的公式为

$$e=1+\frac{1}{1!}+\frac{1}{2!}+\frac{1}{3!}+\cdots+\frac{1}{n!}+\cdots=\sum_{i=0}^{\infty}\frac{1}{i!}\approx 1+\sum_{i=1}^{n}\frac{1}{i!}$$

【指导】

本实验题涉及程序设计中两个重要的运算：累加（$\sum_{i=1}^{n}\frac{1}{i!}$）和连乘（$i!$）。累加是在原有和的基础上逐次地加一个数，连乘则是在原有积的基础上逐次乘以一个数。

本题先求 $i!$，再将 $\frac{1}{i!}$ 进行累加，循环次数预先未知，可使用 while 语句来实现，当然也可先设置一个循环次数很大的值，然后在循环体内判断是否达到精度要求。

【参考程序】

```
1.   i = 0
2.   e = 0
3.   t = 1
4.   while 1/t > 0.000001:
5.       e = e + 1/t
6.       i += 1
7.       t = t*i
8.   print("计算了前%d项的和是%f"%(i-1, e))
```

【说明】

（1）从本例 e = e+1/t 可以看出，累加是通过循环中在原有和的基础上加一个数及连乘性语句（如 t=t*i 语句）来实现的，连乘时置初始值为 1；对于多重循环，置初始值在执行累加或连乘的循环体外。

（2）求部分级数后，通过给出的精度来控制循环的次数，以求得近似解。

3. 百元买百鸡问题。假定小鸡每只 0.5 元，公鸡每只 2 元，母鸡每只 3 元。现在有 100 元钱，要求买 100 只鸡，求出所有可能的购鸡方案。

【指导】

根据题意，设母鸡、公鸡、小鸡分别为 x、y、z 只，列出方程如下。

$$x+y+z=100$$

$$3x+2y+0.5z=100$$

求三个未知数，只有两个方程，此题是一个不定方程问题。采用“穷举法”很容易解决此类问题。同时，解该题有以下两种方法。

方法一：利用三重循环表示三种鸡的只数，循环的初始值都是 0～100，内循环体执行 101*101*101 次；内循环体判断时既要考虑鸡的总数是不是 100 只，又要考虑钱的总数是不是 100 元，参考代码如下所示。

```
1.   for x in range(101):
2.       for y in range(101):
3.           for z in range(101):
4.               if x+y+z==100 and 3*x+2*y+0.5*z==100:
5.                   print("%d %d %d" % (x,y,z))
```

方法二：改为二重循环，内循环体利用 z=100−x−y，所以只要判断是否满足 3*x+2*y+0.5*z 等于 100 元的条件即可，参考代码如下所示。

```
1.   for x in range(101):
2.       for y in range(101):
3.           z = 100-x-y
4.           if 3*x+2*y+0.5*z==100:
```

```
5.                  print("%d %d %d" % (x,y,z))
```

【说明】

在多重循环体中，为了提高程序的运行速度，对程序要考虑优化，注意事项如下。

（1）尽量利用已给出的条件，减少循环的次数。

（2）合理地选择内、外层循环控制变量，即将循环次数多的控制变量放在内循环。

10.4 思考题

1. 编写程序，显示出所有的水仙花数。所谓水仙花数，是指一个三位数，它的每位上的数字的 3 次幂之和等于该数字本身。例如 153 是水仙花数，因为 $153=1^3+5^3+3^3$。

【提示】

本题有以下两种方法。

（1）利用三重循环，将三个数连接成一个三位数进行判断。

（2）利用单循环将一个三位数逐位分离后进行判断。

2. 寻找完全数。数字和数论作为一个研究领域，可以追溯到古代。古代的先哲们认为数字具有某种神秘性，完全数就是其中一种，它是一个整数，其因子的和（不包含本身，包含 1）加起来就是该数本身。下面是 4 个完全数的例子：

$$6=1+2+3$$

$$28=1+2+4+7+14$$

$$496=1+2+4+8+16+31+62+124+248$$

$$8128=1+2+4+8+16+32+64+127+254+508+1016+2032+4064$$

编程实现，判断一个数是不是完全数。

编程实现，求出 1～100000 以内的所有完全数。

3. Collatz（考拉兹）猜想，又称冰雹猜想，是至今依然未解的数学猜想之一。该猜想的内容是，给出下列公式和初始的正整数值，生成的序列以 1 结束。虽然已证实对于大整数（约 2.7×1016）来说，该猜想是正确的，但未证实它适用于所有整数。此序列之所以被称为冰雹序列，是因为序列中的数字像冰雹一样上下反弹，直到收敛到 1。

冰雹序列所用方法如下。

（1）如果数字是偶数，则除以 2；

（2）如果数字是奇数，则乘以 3，再加 1；

（3）当数字等于 1 时，退出程序。

编程实现，给出任意一个整数所对应的冰雹序列。

4. 关于国际象棋的发明者，有着一个广为流传的神话。当地统治者要给国际象棋的发明者大量的黄金作为奖励。而发明者提出了另一种奖励方案，他希望得到棋盘上堆放的麦粒，但是需要按以下的方式来摆放：在棋盘的第一个正方形格子的四个角上，各放上 1 个麦粒；第二个正方形格子的四个角上各放上 2 个麦粒；第三个格子的各个角上放 4 个麦粒；第四个格子的各个角上放 8 个麦粒，以此类推，每次粮食的数量增加一倍。统治者以为这样对他更有利，就接受了发明者的提议。棋盘上共有 64 个方格，编写一个程序，计算以下内容。

（1）统治者要向发明者奖励的麦粒总数是多少?

（2）一个麦粒重量约为 50mg，小麦共重多少 kg?

（3）选择一个地区（省、国家），确定将上述重量的小麦覆盖在该区域上，小麦的深度将是多少?

Test

11

实验 11 列表的操作

11.1 相关知识点

11.1.1 列表的概念

（1）列表是 Python 中内置的可变序列，是一个元素的有序集合。列表中的每一个数据称为元素，列表的所有元素放在一对中括号“[”和“]”中，并使用逗号分隔开。

（2）当列表元素增加或删除时，列表对象自动扩展或收缩内存，保证元素之间没有缝隙。

（3）在 Python 中，一个列表中的数据类型可以各不相同，可以同时分别为整数、实数、字符串等基本类型，也可以是列表、元素、字典、集合及其他自定义类型的对象。

（4）创建一个列表，只要将逗号分隔的不同数据项使用方括号括起来即可，如下所示。

```
1.   list1 = [english', 'color', 1997, 2000]
2.   list2 = [1, 2, 3, 4, 5 ]
3.   list3 = ["a", "b", "c", "d"]
```

11.1.2 列表的常见操作

（1）random.randint(a,b)用于生成一个指定范围内的整数。其中参数 a 是下限，参数 b 是上限，生成的随机数 n 满足 a≤n≤b。

（2）range() 函数返回的结果是一个整数序列的对象。for 循环遍历这个范围，将 i 分配给序列中的每一个对象，一次分配一个，然后为每个 i 值执行 random.randint(0,100)。

（3）len 函数返回列表的长度；sum 函数对列表中的数据进行求和；sorted(score,reverse=True)从高到低对列表进行排序。

（4）列表常用的方法如表 11-1 所示。

表 11-1　列表常用方法

方法	说明
list.append(x)	将元素 x 添加至列表 list 的尾部

续表

方法	说明
list.extend(L)	将列表 L 中所有元素添加至列表 list 的尾部
list.insert(index, x)	在列表 list 中的指定位置 index 处添加元素 x，该位置后面的所有元素后移一个位置
list.remove(x)	在列表 list 中删除首次出现的指定元素，该元素之后的所有元素前移一个位置
list.pop([index])	删除并返回列表 list 中下标为 index（默认为-1）的元素
list.clear()	删除列表 list 中所有元素，但保留列表对象
list.index(x)	返回列表 list 中第一个值为 x 的元素的下标，若不存在值为 x 的元素，则抛出异常
list.count(x)	返回指定元素 x 在列表 list 中出现的次数
list.reverse()	对列表 list 中的所有元素进行逆序排列
list.sort(key=None, reverse=False)	对列表 list 中的元素进行排序，key 用来指定排序依据，reverse 决定是升序（False）还是降序（True）
list.copy()	返回列表 list 的浅复制

11.2 实验目的

1. 掌握列表的创建方法。
2. 掌握列表的基本方法。
3. 熟练掌握切片操作。
4. 能应用列表解决实际问题。

11.3 实验内容

1. 定义一个包含 40 名学生英语成绩的列表，统计并输出成绩低于平均分的学生数，同时将这 40 名学生的成绩按从低到高的顺序输出。

【指导】

（1）定义列表，循环产生 40 个随机整数，表示每个学生的英语成绩：

```
score = [random.randint(0,100) for i in range(40)]
```

也可以利用 append 函数依次扩充列表元素，例如：

```
score=[]
for i in range(40):
        a=random.randint(0,100)
        score.append(a)
```

（2）计算平均成绩：

```
num = len(score)
```

```
sum_score = sum(score)
ave_num = sum_score/num
```

（3）输出成绩低于平均分的学生数：

```
num=0
for i in score:
    if i<ave_num:
        num++
print "the number of less average is:", num
```

也可以简化代码如下：

```
less_ave = [i for i in score if i<ave_num]
print "the number of less average is:", len(less_ave)
```

（4）将这 40 名学生的成绩按从低到高的顺序输出：

```
print "the every score is[from big to small]:",sorted(score,reverse= False)
```

【参考程序】

```
1.  from __future__ import division  #实现精确的除法，例如 4/3=1.333333
2.  import random
3.  score = [random.randint(0,100) for i in range(40)]
4.  num = len(score)
5.  sum_score = sum(score)
6.  ave_num = sum_score/num
7.  less_ave = [i for i in score if i<ave_num]
8.  print "the number of less average is:", len(less_ave)
9.  print "the every score is[from big to small]:",sorted(score,reverse= False)
```

【说明】

本题使用随机函数 random 产生随机数作为学生成绩，利用列表推导式生成列表。列表推导式使用简洁的方式来快速生成满足特定需求的列表，列表推导式在内部实际上是一个循环结构，只是形式更加简洁。

len()、sum()、sorted()是列表内部函数，len()返回列表元素个数，sum()计算列表元素的和，sorted()对列表元素进行排序。

2. 编写程序，生成包含 100 个 0 到 10 之间的随机整数，并统计每个元素出现的次数。

【指导】

（1）生成 100 个 0 到 10 之间的随机整数，并将其放入列表中：

```
x=[]
for i in range(100):
    num= random.randint(0,10)
    x.append(num)
```

也可以简化程序如下：

```
x = [random.randint(0,10) for i in range(100)]
```

（2）使用集合去除重复整数：

```
d = set(x)
```

（3）统计每个元素出现的次数：

```
for v in d:
print(v, ':', x.count(v))
```

【参考程序】

```
1.  .import random
2.   x = [random.randint(0,10) for i in range(100)]
3.   d = set(x)
4.   for v in d:
5.          print(v, ':', x.count(v))
```

【说明】

本题利用集合的特点（包含的元素互不相同）去除重复的整数。集合是无序、可变序列，使用一对大括号界定，元素不可重复，同一个集合中每个元素都是唯一的。集合中只能包含数字、字符串、元组等不可变类型（或者说可哈希）的数据，而不能包含列表、字典、集合等可变类型的数据。

x.count(v)返回指定元素 v 在列表 x 中出现的次数。

3. 编写程序，用户输入一个列表和 2 个整数作为下标，然后输出列表中介于 2 个下标之间的元素组成的子列表。例如用户输入[1,2,3,4,5,6]和 2,4，程序输出[3,4,5]。

【指导】

（1）输入列表：

```
x = input('Please input a list:')  # input()函数以字符串类型返回结果
x = eval(x) #将输入的字符串转变为 python 语句，并执行该语句
```

（2）输入 2 个整数：

```
start, end = eval(input('Please input the start position and the end position:'))
#把输入的 2 个整数分别赋值给 start 和 end 变量
```

（3）利用切片操作输出子列表，可以使用切片截取列表中的任何部分：

```
print(x[start:end]) #start 表示切片的开始位置，end 表示切片的结束位置，省略步长，默认为 1
```

【参考程序】

```
1.   x = input('Please input a list:')
2.   x = eval(x)
3.   start, end = eval(input('Please input the start position and the end
position:'))
4.   print(x[start:end])
```

【说明】

eval()函数：将字符串 str 当成有效的表达式来求值并返回计算结果。eval()函数的常见作用：计算字符串中有效的表达式，并返回结果；将字符串转成相应的对象（如 list、tuple、dict 和 string 之间的转换）；将利用引号转换的字符串再反转回对象。

Python 中可以同时给多个变量赋值，比如，a, b, c = 1, 2, "john"，两个整型对象 1 和 2 分配给变量 a 和 b，字符串对象"john"分配给变量 c。

可以使用切片来截取列表中的任何部分，得到一个新列表，也可以通过切片来修改和删除列表中的部分元素，甚至可以通过切片操作为列表对象增加元素。

切片使用 2 个冒号分隔的 3 个数字来完成：第一个数字表示切片开始位置（默认为 0）；第二个数字表示切片截止（但不包含）位置（默认为列表长度）；第三个数字表示切片的步长（默认为 1），当步长省略时可以顺便省略最后一个冒号。

切片操作不会因为下标越界而抛出异常，而是简单地在列表尾部截断或者返回一个空列表，使代码具有更强的健壮性。

11.4 思考题

1. 编写程序，生成包含 100 个随机年龄的列表，然后将前 50 个年龄降序排列，后 50 个年龄升序排列，并输出结果。

2. 编写程序，生成一个包含 30 个 0 到 100 之间随机整数的列表，然后删除其中的所有偶数。

【提示】

从后向前删除。

3. 编写程序，生成一个包含 50 个元素的列表，每一个元素均为 10 到 100 之间的随机整数，然后对其中下标为偶数的元素进行升序排列，下标为奇数的元素不变。

Test

12

实验 12 字典的操作

12.1 相关知识点

12.1.1 字典的概念

（1）字典是键值对的无序可变集合。

（2）定义字典时，每个元素的键和值用冒号分隔，元素之间用逗号分隔，所有的元素放在一对大括号“{”和“}”中。

（3）字典中的每个元素包含键和值两部分，向字典添加一个键的同时，必须为该键增添一个值。

（4）字典中的键可以为任意不可变数据，如整数、实数、复数、字符串、元组等。

（5）字典中的键不允许重复。

12.1.2 创建字典的方法

（1）使用=将一个字典赋值给一个变量。

```
a_dict = { 'name': 'earth', 'port': 80 }
```

（2）使用 dict 利用已有数据创建字典。

```
keys = ['a', 'b', 'c', 'd']
values = [1, 2, 3, 4]
dictionary = dict(zip(keys, values))
```

（3）使用 dict 根据给定的键、值创建字典。

```
d = dict(name='Liu', age=30)
```

（4）以给定内容为键，创建值为空的字典。

```
adict = dict.fromkeys(['name', 'age', 'score'])
```

12.2 实验目的

1. 掌握字典的创建方法。
2. 掌握字典的常用操作方法。
3. 学会用字典解决实际问题。

12.3 实验内容

1. 使用字典来存储联系人及电话号码，并实现查询功能。

【指导】

（1）创建字典。

```
TelDict={"小明":'13700000001', "小丽":'13700000010', "小刚":'13700001234'}
```

（2）增加字典项。

```
name=raw_input()
tel=raw_input()
TelDict[name]=tel
```

（3）查询字典。

```
TelDict.get(name,"查询不到")
```

【参考程序】

```
1.  # -*- coding:utf-8 -*-
2.  #创建字典
3.  TelDict={"小明":'13700000001', "小丽":'13700000010', "小刚":'13700001234'}
4.  print "请输入联系人姓名："
5.  name=raw_input()
6.  print "请输入对应号码："
7.  tel=raw_input()
8.  TelDict[name]=tel
9.  print "请输入查询姓名："
10. name=raw_input()
11. print "查询的号码为："
12. print TelDict.get(name,"查询不到")
```

【说明】

本题首先用简单字典赋值操作创建初始字典，然后接收用户的输入，对字典进行增加元素操作。

Python 字典(Dictionary) get()函数返回指定键的值，如果值不在字典中则返回默认值。get()方法语法：dict.get(key, default=None)。参数 key 表示字典中要查找的键；default 表示如果指定键的值不存在时需要返回的默认值。函数返回指定键的值，如果值不在字典中则返回默认值None。

2. 数字重复统计，随机产生 100 个[-10，10]之间的整数，升序输出所有不同的数字及其重复的次数。

【指导】

（1）产生一个范围为[-10，10]的随机整数。

```
random.randrange(-10,10)
```

（2）列表增加元素 m。

```
randomnumber.append(m)
```

（3）统计数字 x 重复次数。

```
randomnumber.count(x)
```

【参考程序】

```
1.  import random
2.  randomnumber=[]
3.  countlist=[]
4.  randomdict={}
5.  sortlist=[]
6.  for p in range(100):
7.      randomnumber.append(random.randrange(-10,10))
8.      countlist.append(randomnumber.count(randomnumber[p]))
9.      randomdict[randomnumber[p]]=countlist[p]
10. for k,v in randomdict.items(): #遍历字典中每一组键值对 k,v
11.     sortlist.append((k,v)) #添加到新的列表 sortlist 中
12. sortlist.sort()
13. print(sortlist)
```

【说明】

本题首先创建空列表和字典对象，然后利用 append 函数添加新元素。append() 方法用于在列表或字典末尾添加新的对象。list.append(obj)中 obj 表示添加到列表（字典）末尾的对象。

直接对字典中不存在的 key 进行赋值来添加，randomdict[randomnumber[p]]=countlist[p]，其中

randomnumber[p]是列表 randomnumber 中下标为 p 的元素值（某个随机整数），作为字典 randomdict 的 key。countlist[p]是列表 countlist 中下标为 p 的元素值（随机整数 randomnumber[p]出现的次数），作为字典 randomdict 的 value。

字典的 items()函数以列表返回可遍历的（键，值）元组、数组。列表的 sort 方法对列表进行原址排序。

3. 用户输入一个整数，打印每一位数字及其重复的次数。

【参考程序】

```
1.  nums=input('>>>')
2.  count_list=[]
3.  sort_list={}
4.  sort_list1=[]
5.  for i in range(len(nums)):
6.        count_list.append(nums.count(nums[i]))
7.        sort_list[nums[i]]=count_list[i]
8.  for k,v in sort_list.items():
9.        sort_list1.append((k,v))
10. print(sort_list1)
```

【说明】

len()方法返回对象（如字符、列表、元组等）长度或项目个数。所以，用户输入时需要对整数加双引号，nums 接收字符成为字符对象。

12.4 思考题

1. 设计一个字典，并编写程序，用户输入内容作为键，然后输出字典中对应的值，如果用户输入的键不存在，则输出“您输入的键不存在！”。

2. 字符串重复统计。

（1）字符表‘abdcefghijklmnopqrstuvwxyz’。

（2）随机挑选 3 个字母组成字符串，共挑选 100 个。

（3）升序输出所有不同的字符串及重复的次数。

3. 下面代码的功能是，随机生成 50 个介于[1,100]之间的整数，然后统计每个整数出现的频率。请把缺少的代码补全。

```
1.  import random
2.  x = [random.____________(1,100) for i in range(_______)]
```

```
3.   r = dict()
4.   for i in x:
5.           r[i] = r.get(i, ______)+1
6.   for k, v in r.items():
7.   print(k, v)
```

Test

13

实验 13 函数的使用

13.1 相关知识点

13.1.1 函数的定义与调用

函数定义的基本形式如下，注意 def 语句所在行必须以冒号（:）结尾，另外有的函数可能没有返回值，即函数内部没有 return 语句。

```
def <函数名>(<参数列表>):
    <函数体>
    return<返回值列表>
```

定义好函数之后，利用函数名以及参数来调用，具体方式如下。

```
def plus(num1, num2):
    print (num1+num2)
plus(1,2)
```

13.1.2 函数的参数传递

参数在函数中相当于一个变量，而这个变量的值是在调用函数的时候被赋予的。

调用带参数的函数时，同样把需要传入的参数值放在括号中，用逗号隔开。要注意提供的参数值的数量和类型需要跟函数定义中的一致。如果这个函数不是你自己写的，你需要先了解它的参数类型，才能顺利调用它。

（1）可选参数即参数的默认值。

```
def arrival_port(airplane,airport = "Tianjin"):
    print("Flight " + airplane + " has arrived " +airport+ " airport")
arrival_port('CA2017')
```

输出结果：Flight CA2017 has arrived Tianjin airport

（2）可选参数与非可选参数的顺序。

```
def arrival_port_new_order(airport = "Tianjin" , airplane):
    print("Flight " + airplane + " has arrived " +airport+ " airport")
arrival_port('CA2017')
```

输出结果如下。

```
File "C:/Users/liuca/Desktop/python code/arrival.py", line 15
  def arrival_port_new_order(airport = "Tianjin" , airplane):
    SyntaxError: invalid character in identifier
```

（3）可变数量参数。

```
def arrival_multi(airport,*airplane):
    for plane in airplane:
        print("Flight " + plane + " has arrived " +airport+ " airport")
arrival_multi('Tianjin','CA2017','SH2017','df2017')
```

输出结果如下。

```
Flight CA2017 has arrived Tianjin airport
Flight SH2017 has arrived Tianjin airport
Flight df2017 has arrived Tianjin airport
```

13.1.3　变量的作用域

定义在函数内部的变量拥有一个局部作用域，定义在函数外部的变量拥有全局作用域。

局部变量只能在其被声明的函数内部访问，而全局变量可以在整个程序范围内访问。调用函数时，所有在函数内声明的变量名称都将被加入到作用域中。例如：

```
#!/usr/bin/python3
total = 0; # 这是一个全局变量
# 可写函数说明
def sum( arg1, arg2 ):
    #返回 2 个参数的和
    total = arg1 + arg2; # total 在这里是局部变量
    print ("函数内是局部变量 : ", total)
    return total;
#调用 sum 函数
sum( 10, 20 );
print ("函数外是全局变量 : ", total)
```

输出结果如下。

```
函数内是局部变量 :  30
函数外是全局变量 :  0
```

13.1.4 函数的递归调用

函数的递归调用是在函数内部调用自身的过程，例如求 n 的阶乘。

```
def factorial(n):
    if n==1:
        return 1
    else:
        return n*factorial(n-1)
```

13.2 实验目的

1. 掌握 Python 语言中定义函数的方法，能够处理常见的函数定义错误，掌握面对复杂问题时将问题分解为不同的函数模块来实现的方法。

2. 掌握函数间参数传递和返回值传递的方法，特别是函数中参数的默认值、参数的顺序以及不定长参数的使用。

3. 掌握函数调用、嵌套调用和递归调用的思想，能够运用函数调用进行编程。

13.3 实验内容

1. 请利用 Python 代码实现判断一个数是否为回文素数的程序。如何判断一个数是不是回文素数？回文数是一种数字，如 98789，这个数字正读是 98789，倒读也是 98789，正读和倒读一样，这样的数字就是回文数。素数是只能被 1 与自身整除的数。回文素数，既是回文数，又是素数，如 2，3，5，7，11，101，131，151。利用下面的过程（1）（2）（3）逐步体会代码由顺序、选择、循环等结构逐步转化成函数的过程以及函数实现的优点。

（1）利用前面学习的程序的顺序、分支、循环结构知识，编写程序判断一个数（如 151）是否是回文数，接着再判断这个数是不是素数，最后判断这个数是不是回文素数。

【指导及参考程序】

回文数实现指导：任何一个数除以 10 的商就是排除掉最后一位后的数，任何一个数除以 10 的余数就是该数最后一位。所以，数 1234 就可以通过这种方法得到 123 和 4，接下来对数 123 进行同样的操作，就得到 12 和 3，接下来再进行同样的操作得到 1 和 2，再接下来得到 0 和 1，整个过程是个循环。当商不为 0 时，循环利用得到的余数来构造新数。新数=新数*10+余数，所以经过 4 次循环后，我们得到新数 4321。如果是回文数，那么新数应该等于原数，否则，说明不是回文数。另外注意验证两个数相除是否为整数。

回文数参考程序：

```
1.    num=12321
2.    num_new=0
3.    num_v=num
4.    while num_v!=0:
5.        num_new = num_new *10 + num_v%10
6.        num_v = int(num_v/10)
7.    if num==num_new:
8.        print("是回文数!")
9.    else:
10.       print("不是回文数!")
```

素数实现指导：素数的定义为只能被 1 以及自身整除的数，那么我们需要遍历 1 到自身之间的数，如果其中有一个数能够被当前数字整除，那么这个数就不是素数。

素数参考程序：

```
1.    num=43
2.    num_type='是素数'
3.    for i in range(2,num):
4.        if num%i==0:
5.            num_type='不是素数'
6.            break
7.    print(num_type)
```

回文素数实现指导：回文素数即一个数既是素数又是回文数，实现程序时只需分别进行判断，并将判断的结果组合，即可判断当前数字是否是回文素数。例如，定义两个真假逻辑值分别代表素数还是回文数。

回文素数参考程序：

```
1.    num=101
2.    palin_num=False
3.    prime_num=True
4.    num_new=0
5.    num_v=num
6.    while num_v! =0:
7.       num_new=num_new*10+num_v%10
8.       num_v=int(num_v/10)
9.    if num==num_new:
10.     palin_num=True
11.   for i in range (2, num):
12.       if num%i==0:
13.           prime_num=False
```

```
14.             break
15.  if palin_num and prime_num:
16.      print ("是回文素数!")
17.  else:
18.      print("不是回文素数!")
```

（2）将过程（1）中判断一个数是否是素数以及是否是回文数的代码均改用函数实现，注意函数的局部变量和全局变量的关系。

```
1.   def palin_num(num):
2.        num_new=0
3.        num_v=num
4.        while num_v!=0:
5.            num_new=num_new*10+num_v%10
6.            num_v=int(num_v/10)
7.        if num==num_new:
8.            return True
9.        else:
10.           return False
11.  def prime_num(num):
12.       prime=True
13.       for i in range (2, num):
14.           if num%i==0:
15.                prime=False
16.                break
17.       return prime
18.  num = 12321
19.  if palin_num(num) and prime_num(num):
20.       print ("是回文素数!")
21.  else:
22.       print ("不是回文素数!")
```

（3）用函数实现判断一个数是不是回文素数，即编写一个带返回值的函数，返回值为这个数是否为回文素数（[提示：在新函数中嵌套调用（2）中的函数]）。

```
1.   def palin_num(num):
2.        num_new=0
3.        num_v=num
4.        while num_v!=0:
```

```
5.              num_new=num_new*10+num_v%10
6.              num_v=int(num_v/10)
7.          if num==num_new:
8.              return True
9.          else:
10.             return False
11.     def prime_num(num):
12.         prime=True
13.         for i in range (2, num):
14.             if num%i==0:
15.             prime=False
16.             break
17.         return prime
18.     def palin_prime(num):
19.         if palin_num(num) and prime_num(num):
20.             print ("是回文素数!")
21.         else:
22.             print ("不是回文素数!")
23.     palin_prime (98789)
```

【说明】

本例展示了 Python 函数如何将顺序、选择以及循环结构的代码转为函数的形式，实现代码的复用。其中重点注意函数定义形式，缺少分号和缩进错误是常见的错误。另外，注意函数嵌套调用时的先后顺序问题。

2. 猜猜我想的是什么？首先计算机会预设一个数字，然后叫你猜。你猜了一个数，计算机会如实地告诉你是猜大了还是猜小了，直到最终你猜中答案。定义一个函数，并调用这个函数，实现上述功能。

例如，

输出：猜猜我心里想的数字是什么？

输入：5

输出：太小了，请往大了猜。

输入：12

输出：太大了，请往小了猜。

输入：9

输出：太小了，请往大了猜。

输入：10

输出：猜对了！太棒啦！

【指导】

判断相等的函数，分为三种情况，如果计算机预设的数比当前输入的数大，那么输出“太小了”；如果比当前输入的数小，那么输出“太大了”；如果相等则输出“猜对了”，并给出相应的返回值。通过循环实现连续输入，不断判断预设的数和输入的数是否相等。计算机预设的数通过随机生成整数来实现，具体需采用random里面的randint来实现，编码时通过使用from random import randint语句来引用，产生一个1～N之间的随机数的参考代码为randint(1,N)。

【参考程序】

```
1.   def isEqual (num1, num2):
2.       if num1<num2:
3.           print ('太小了，请往大了猜')
4.           return False;
5.       if num1>num2:
6.           print ('太大了，请往小了猜')
7.           return False;
8.       if num1==num2:
9.           print ('猜对了！太棒啦！')
10.          return True
11.  from random import randint
12.  print('请输入一个1到N之间的数，设定猜测的范围：')
13.  N=int(input())
14.  num = randint (1, N)
15.  print ('猜猜我心里想的数字是多少，请输入？')
16.  bingo = False
17.  while bingo == False:
18.      answer = int (input ())
19.      bingo = isEqual (answer, num)
```

【说明】

注意input默认输入为字符串类型，必须转成int类型才能进行数值之间的比较。另外，注意bool型返回值的使用方法。

3. 编写程序打印给定年月的日历，并利用第三方库打印给定年月的日历。

（1）打印给定年月的日历。

【指导】

参考函数分解方案如图13-1所示，按照函数的意义实现对应函数的功能。

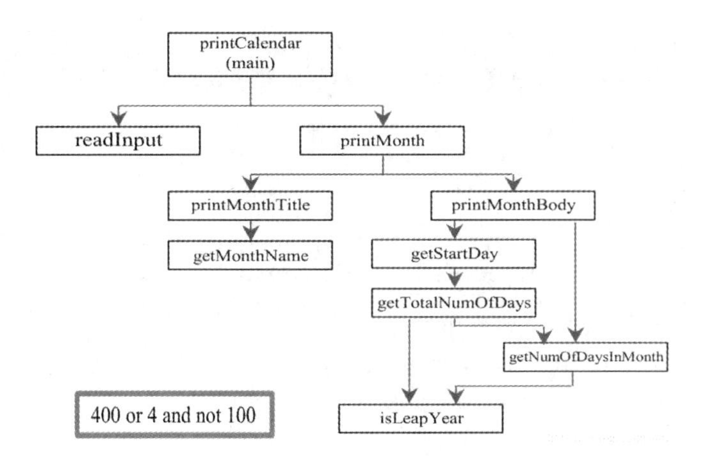

图 13-1 打印日历函数分解方案

【参考程序】

```
1.  def is_leap_year(year):
2.      if year % 4 == 0 and year % 100! = 0 or year % 400 == 0:
3.          return True
4.      else:
5.          return False
6.  def get_num_of_days_in_month (year, month):
7.      if month in (1, 3, 5, 7, 8, 10, 12):
8.          return 31
9.      elif month in (4, 6, 9, 11):
10.         return 30
11.     elif is_leap_year(year):
12.         return 29
13.     else:
14.         return 28
15. def get_total_num_of_day (year, month):
16.     # 自 1800 年 1 月 1 日以来过了多少天
17.     days = 0
18.     for y in range (1800, year):
19.         if is_leap_year(y):
20.             days += 366
21.         else:
22.             days += 365
23.     for m in range (1, month):
24.         days += get_num_of_days_in_month (year, m)
25.     return days
```

```
26.  def get_start_day (year, month):
27.      # 返回当月 1 日是星期几，由 1800.01.01 是星期三推算
28.      return 3 + get_total_num_of_day (year, month) % 7
29.  month_dict = {1: 'January', 2: 'February', 3: 'March', 4: 'April', 5: 'May',
     6: 'June',
30.                    7: 'July', 8: 'August', 9: 'September', 10: 'October', 11:
                       'November', 12: 'December'}
31.  def get_month_name(month):
32.      return month_dict[month]
33.  def print_month_title(year, month):
34.      # 打印日历的首部
35.      print ('        ', get_month_name(month), '   ', year, '          ')
36.      print ('-------------------------------------')
37.      print (' Sun  Mon  Tue  Wed  Thu  Fri  Sat  ')
38.  def print_month_body(year, month):
39.      '''
40.      i = get_start_day(year, month)
41.      if i>=8:
42.          i=i-7
43.      if i != 7:
44.          print ('',end = '')
45.          print ('     '* i,end = '' )
46.      for j in range(1, get_num_of_days_in_month(year, month)+1):
47.          print ('%5d'%j,end = '')
48.          i += 1
49.          if i % 7 == 0:
50.              print ('  ')
51.  year = int(input("请输入你想打印的年份:"))
52.  month = int(input("请输入你想打印的月份:"))
53.  print_month_title(year, month)
54.  print_month_body(year, month)
```

【说明】

此例采用多个函数进行嵌套调用来完成一个复杂程序，请注意其中第 41～42 行，因为计算 1 号是星期几时，函数得到的值是 8。例如 2017 年 5 月和 2018 年 1 月，每个月第一天又是星期一的情况，输出格式会有错位，所以需要加入判断条件：如果当天得到的星期几数值为 8，则减去 7。打印日历正文的格式说明空两个空格，每天的长度为 5。

（2）利用第三方库打印给定年月日历，思考如何输出某一个月的日历，以及如何按季度输出，每一排输出 3 个月的日历。最终呈现 4×3 的格局。

【指导】

Python 中存在大量的第三方库，每个第三方库中有大量的已经定义好、可以直接调用的函数，上面的程序如果使用第三方库，则使用 calender 库。在 Python 文件的开始，使用 import calender 导入此库。可以查询相应的库说明，查看如何实现上面的输出。

【参考程序】

```
1.   import calendar
2.   print ("下面输出的是 2016 年的日历：")
3.   for i in range (1,13):
4.          cal = calendar. month (2016, i)
5.   print(cal)
```

【参考程序】

按季度输出。

```
1.   import calendar
2.   print ("下面输出的是 2016 年的日历：")
3.   calendar. prcal (2016)
```

【说明】

上面给出的代码是输出某一年的日历，具体的说明请参照 calender 库。

4. 用递归算法实现汉诺塔问题。在印度，有这么一个古老的传说，开天辟地的神勃拉玛（相当于中国古代传说中的盘古）在一个庙里留下了三根金刚石棒，第一根上面套着 64 个圆的金盘，最大的一个在最底下，其余的一个比一个小，依次叠上去。庙里的僧众不知疲倦地把它们一个个地从这根棒搬到另一根棒上，并且他们可利用中间的一根棒来帮助其完成任务，但每次只能搬一个金盘，而且大的金盘不能放在小的上面，如图 13-2 所示，思考该如何操作?

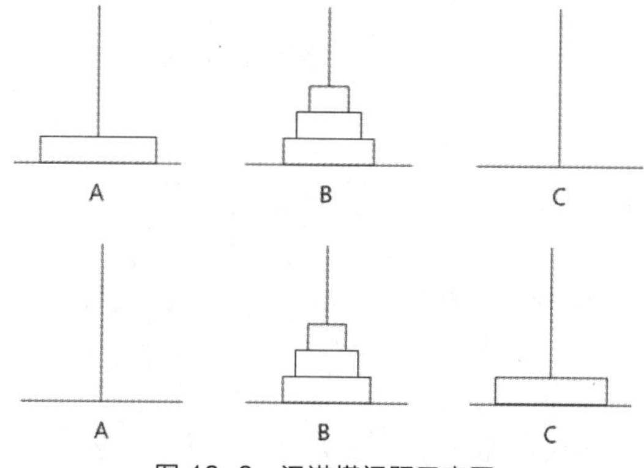

图 13-2 汉诺塔问题示意图

【指导】

假设有 2 个盘子，是不是可以分为以下步骤来进行操作？

将小的盘子移动到 B，然后将最大的盘子移动到 C。

那么假设有 3 个盘子、4 个盘子呢？

无论有几个盘子，我们可以总结出汉诺塔问题包含以下三个基本过程。

（1）将前 n-1 个盘子，通过 C，从 A 移动到 B。

（2）从 A 到 C 移动第 n 个盘子。

（3）将前 n-1 个盘子，通过 A，从 B 移动到 C。

【流程图】

根据上面的问题，我们画出相应的流程图，如图 13-3 所示。

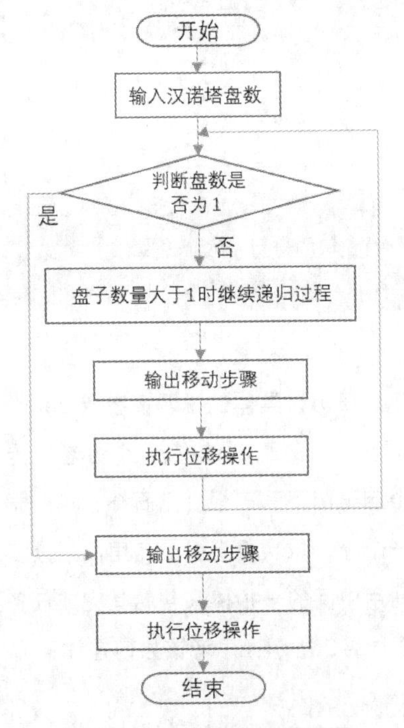

图 13-3　汉诺塔问题流程图

【参考程序】

```
1.   def hanoi (n, A, B, C):
2.        if n == 1:
3.             print "移动盘子 ", n, " 从", A, " 到 ", C
4.        else:
5.             hanoi (n-1, A, C, B)
6.             print "移动盘子 ", n, " 从", A, " 到", C
7.             hanoi (n-1, B, A, C)
```

```
8.    n = int(raw_input("请输入有多少个盘子："))
9.    hanoi(n, '左', '中','右')
```

【说明】

本程序将汉诺塔的过程进行抽象之后，发现只要将前 n-1 个盘子通过 C，从 A 移动到 B，然后从 A 到 C 移动第 n 个盘子，最后将前 n-1 个盘子通过 A 从 B 移动到 C，即可完成汉诺塔的移动。因此，将以上三个步骤放到递归过程中。递归函数的难点在于如何将问题抽象为递归思维，注意寻找规律。

13.4 思考题

1. 函数定义的基本形式是什么？是否可以定义没有返回值的函数？是否可以定义没有参数的函数？函数的局部变量和全局变量的作用域分别是什么？

2. 根据输入参数（行数）的不同，输出下面图形。

```
   *
  ***
 *****
*******
```

【提示】① 使用函数打印指定行。

② 字符串*数字可以获得多个字符串合并的结果，共 7 行程序，约 154 字节。

3. 编写一个函数，可计算 n!，并依次输出 1～100 的阶乘。可以用哪些方法来实现？至少用两种方法实现。

【提示】方法 1：循环方法，共 7 行，大约 117 字节。

方法 2：递归方法，自己编写递归函数。

方法 3：其他方法，可以用 operator.mul 的方法等。（选做）

4. 斐波那契数列中的斐波那契数会经常出现在我们眼前，例如，松果、凤梨、树叶的排列，一些花朵的花瓣数（如向日葵花瓣），蜂巢，蜻蜓翅膀，黄金矩形，黄金分割，等角螺线，十二平均律等。递归实现斐波那契数列 1, 1, 2, 3, 5, 8, 13, 21……具体公式如下：

$$F(n)=\begin{cases}0, & \text{当} n=0 \text{时}\\ 1, & \text{当} n=1 \text{时}\\ F(n-1)+F(n-2), & \text{当} n>1 \text{时}\end{cases}$$

Test

14

实验 14 文件数据处理

14.1 相关知识点

14.1.1 文件数据处理的常用函数

（1）os.mkdir("folder_name")函数能够创建单级目录。

（2）os.rename(old_name, new_name)函数能够重命名文件。

（3）fp = open("test.txt", w)函数能够直接打开一个文件，如果文件不存在，则创建文件。

open 函数的打开模式如下。

① w 以写模式打开。

② a 以追加模式打开。

③ r+ 以读写模式打开。

④ w+ 以读写模式打开。

⑤ a+ 以读写模式打开。

⑥ rb 以二进制读模式打开。

⑦ wb 以二进制写模式打开。

⑧ ab 以二进制追加模式打开。

⑨ rb+ 以二进制读写模式打开。

⑩ wb+ 以二进制读写模式打开。

⑪ ab+ 以二进制读写模式打开。

（4）fp.read([size])函数中 size 为读取的长度，以字节为单位。

（5）fp.readline([size])函数读一行，如果定义了 size，返回一行内容的一部分。

（6）fp.readlines([size])函数把文件每一行作为一个 list 的一个成员，并返回这个 list。其实它的内部是通过循环调用 readline()来实现的。如果提供 size 参数，size 表示读取内容的总长，也就是说可能只读到文件的一部分。

（7）fp.write(str)函数把 str 写到文件中，write()并不会在 str 后加上一个换行符。

（8）fp.close()函数用于关闭文件。

（9）fp.seek(offset[,whence])函数将文件的操作标记移到 offset 的位置。这个 offset 一般是相对于文件的开头来计算的，一般为正数。但如果提供了 whence 参数就不一定了，whence 可以为 0，表示从头开始计算；1 表示以当前位置为原点进行计算；2 表示以文件末尾为原点进行计算。需要注意，如果文件以 a 或 a+的模式打开，每次进行写操作时，文件操作标记会自动返回到文件末尾。

14.1.2 Python 中的相对路径与绝对路径

（1）使用相对路径打开文件，例如：

```
open('aaa.txt')
open('/data/bbb.txt')
```

（2）使用绝对路径打开文件，例如：

```
open('e:/user/ccc.txt')
```

在上述三种表达式里面，前两个通过相对路径的方式打开文件，第三个则使用绝对路径打开文件。相对路径是指相对于当前文件夹的路径，即正在运行的 py 文件所存在的文件夹路径，绝对路径是指完整的文件路径。在下面的实例中，我们采用绝对路径对文件进行访问，读者可以根据自己的实际运行环境进行修改。

14.1.3 CSV 文件简介

CSV（Comma-Separated Values，逗号分隔值），有时也被称为字符分隔值，因为分隔字符也可以不是逗号。CSV 文件以纯文本形式存储表格数据（数字和文本）。纯文本意味着该文件是一个字符序列，不含必须像二进制数那样被解读的数据。CSV 文件由任意数目的记录组成，记录间以某种换行符分隔。每条记录由字段组成，字段间的分隔符是其他字符或字符串，最常见的是逗号和制表符。通常，所有记录有完全相同的字段序列。建议使用 WordPad 或者记事本（Note）来打开 CSV 文件，或者先将其另存为新文档后再用 Excel 打开。

14.2 实验目的

1. 熟悉数据文件的概念，掌握数据文件的使用方法。
2. 掌握数据文件的打开、关闭、读数据、写数据等各种文件操作函数的使用方法。

14.3 实验内容

1. 将一个文件中的所有小写字母变成大写字母后保存在一个新的文件中。

【指导】

本题主要练习的是文件的创建、打开与写入操作，程序主要由两部分构成，首先创建新文件并写入内容，然后将该文件中的字母变为大写格式存入新的文件之中。

【参考程序】

```
1.   import os
2.   import shutil
3.   #创建文件，写入内容
4.   os.mkdir('e:/test')
5.   fo = open('e:/test/test1.txt','w+')
6.   fo.write('Hello ')
7.   fo.write('World!')
8.   fo2 = open('e:/test/test2.txt ','w+')
9.   #读取文件，改变字母的大小写并存入新的文件中
10.  fo.seek(0)
11.  for line in fo.readlines():
12.         print(line)
13.         fo2.write(line.upper())
14.  fo2.seek(0)
15.  for line in fo2.readlines():
16.         print(line)
17.  fo.close()
18.  fo2.close()
```

【输出结果】

```
Hello World!
HELLO WORLD!
```

【说明】

（1）line.upper()函数用于将读取的字母变换为大写。

（2）打开文件后，注意需要关闭文件以确保内容写入文件中。

2. 统计中国民航 2017 年 10 月份旅客的总吞吐量和平均吞吐量，并存入新文件中。

中国民航 2017 年 10 月份旅客吞吐量

旅客吞吐量	东部地区	中部地区	西部地区	东北地区
单位（万人次）	5414.3	1134.1	2962.7	624.9

【指导】

首先需要打开文件读取其中的数据，然后在新建文件的第一行中添加关键字“总吞吐量”和“平均吞吐量”，第二行中统计“总吞吐量”和“平均吞吐量”，最终保存文件。

【参考程序】

```
1.  import csv
2.  # 打开文件，读取数据
3.  csvfile = open('e:/中国民航 2017 年 10 月份旅客吞吐量统计.csv')
4.  rows = csv.reader(csvfile)
5.  f = open('e:/中国民航 2017 年 10 月份旅客吞吐量统计_new.csv', 'w', newline='')
6.  writer = csv.writer(f)
7.  # 检测是否为第一行
8.  flag = 1
9.  for row in rows:
10.     # 如果是第一行，则需添加关键字
11.     if flag == 1:
12.         row.append('总吞吐量')
13.         row.append('平均吞吐量')
14.         writer.writerow(row)
15.         flag += 1
16.     # 统计其他行的总分和平均分并写入文件
17.     else:
18.         sum = 0
19.         for s in row[1:]:
20.             sum += float(s)
21.         aver = sum / len(row[1:])
22.         row.append(sum)
23.         row.append(aver)
24.         writer.writerow(row)
25. f.close()
26. csvfile.close()
```

【输出结果】

旅客吞吐量	东部地区	中部地区	西部地区	东北地区	总吞吐量	平均吞吐量
单位（万人次）	5414.3	1134.1	2962.7	624.9	10136	2534

【说明】

（1）利用 flag 检测读取的是否是第一行内容，如果是，则需要添加新的列名，如果不是，则进行数据统计。

（2）利用 len(row[1:])可以获取第二行中数据的个数，然后将上面累加得到的总吞吐量再除以该个数就可以得到平均吞吐量。

3. 新建一个文件夹，并在该文件夹下添加文件。然后将该文件夹以及里面的内容复制到新的文件夹中，并删除旧文件夹以及里面的文件。

【指导】

本题主要考查文件和文件夹的操作，第一步在新建的文件夹下创建两个文本文件，第二步将该文件夹的内容复制到新的文件夹中，第三步将旧文件夹删除。

【参考程序】

```
1.  import os
2.  import shutil
3.  #创建文件，写入内容
4.  os.mkdir("e:/test")
5.  fo = open('e:/test/test1.txt','w+')
6.  fo.write('Hello ')
7.  fo.write('World!')
8.  fo.close()
9.  #创建文件 2
10. fo2 = open('e:/test/test2.txt','w+')
11. fo2.write('I ')
12. fo2.write('Love ')
13. fo2.write('CAUC!')
14. fo2.close()
15. #复制文件夹内容
16. shutil.copytree('e:/test', 'e:/test2')
17. #删除文件夹 1
18. shutil.rmtree('e:/test')
```

【说明】

（1）copytree()函数将 test 文件夹中的内容复制到 test2 中。

（2）rmtree()函数删除文件夹 test 以及其中的内容。

（3）复制文件夹之前需注意先关闭两个新建的文件，以确保写入的内容先被保存。

14.4 思考题

1. 输入一段字符串，过滤此字符串，只保留字符串中的字母字符，并将所有的字母变成大写后存入新建的文件之中。

2. 创建一个关于英语六级考试成绩的 CSV 文件，其中每个学生记录包括准考证号、学号、姓名、英语六级成绩和考试时间，统计其中的最高分、最低分以及平均分，然后将该三组数据存入新建的 CSV 文件中。

3. 检测一个文件夹下的文件格式，将其中.jpg 格式的文件复制到新建的文件夹下，并将原文件夹下的.jpg 格式文件全部删除。

Test

15

实验 15 第三方库的使用

15.1 相关知识点

15.1.1 第三方库概述

Python 不仅具有功能强大的标准库，还支持第三方库的使用。第三方库的使用方式与标准库类似，其功能覆盖科学计算、Web 开发、数据库接口、图形系统等多个领域。如果把 Python 比喻成一个手机，标准库就是手机系统自带的 APP，而第三方库则是系统外各式各样的 APP，用户可以根据自己的需求选择安装。

15.1.2 第三方库的安装

Python 第三方库的安装有以下三种方法。

（1）pip 工具安装。pip 是 Python 官方提供并维护的在线第三方库安装工具，并且也是最高效的安装工具。注意，pip 命令要在操作系统命令行窗口中运行，不要在 IDLE 环境下运行。

用 pip 安装第三方库的方法是在命令行窗口中输入 pip install libname。

其中，libname 是所要安装的第三方库的名称。例如用 pip 安装 Turtle 库的命令为 pip install turtle。

（2）自定义安装。自定义安装是按照第三方库提供的步骤和方式进行安装。用户可以去第三方库主页下载第三方库，然后根据指示步骤进行安装。

（3）文件安装。某些库不能通过 pip 命令直接安装，可以下载安装包后进行离线安装。安装命令为 pip install libpath。其中，libpath 为本地安装包地址，这些安装包一般以 whl 为后缀名，表示 Python 扩展包在 Windows 环境下的二进制文件。

15.1.3 Turtle 库的解析

Turtle 的中文意思为“海龟”，它是 Python 中一个直观有趣的图形绘制函数库。Turtle 以一个横轴为 x、纵轴为 y 的坐标系为基本框架。

15.1.4　jieba 库的解析

jieba 库是第三方中文分词函数库，包含的主要函数如表 15-1 所示。

表 15-1　jieba 库函数解析

函数名称	函数作用
jieba.cut(s)	精确模式，试图将句子最精确地切开
jieba.cut(s, cut_all = True)	全模式，把句子中所有可以成词的词语都扫描出来
jieba.cut_for_search(s)	搜索引擎模式，在精确模式的基础上，对长词再次进行切分
jieba.lcut(s)	精确模式，返回一个列表类型
jieba.lcut(s, cut_all = True)	全模式，返回一个列表类型
jieba.lcut_for_search(s)	搜索引擎模式，返回一个列表类型
jieba.add_word(w)	向分词词典中增加新词

15.2　实验目的

1. 掌握使用 pip 安装第三方库的方法。
2. 掌握 Turtle 库常用绘图函数的概念及用法。
3. 掌握使用 Turtle 库绘制基本图形的方法。
4. 掌握使用 Turtle 库绘制较为复杂的图形的方法。
5. 掌握使用 jieba 库进行分词。

15.3　实验内容

1. 输入一个正整数 n，用 Turtle 库绘制正 n 边形。

【指导】

本题的关键是计算出正 n 边形每个角的度数。

【参考程序】

```
1.   import turtle
2.   n = input("请输入边数: ")
3.   for i in range(eval(n)):
4.         turtle.forward(100)
5.         turtle.right(360 /eval(n))
6.   turtle.penup()
7.   turtle.goto(-150,-120)
```

【说明】

(1) turtle.forward(100)用来设置正 n 边形的边长。

(2) turtle.right(360 /eval(n))用来计算正 n 边形每个角的补角的度数。

2. 输入一个正整数 n，用 circle 函数绘制半径为 n 的圆，然后用 forward 和 left (或 right) 函数绘制半径近似的圆，并观察两个圆的差异。

【指导】

本题的要求是用 forward 和 left 函数绘制一个边数较大的正 n 边形来近似圆。难点在于如何根据圆的半径及画笔每次旋转的角度计算出画笔每次要移动的距离。求解每次旋转的步长的方法如图 15-1 所示。

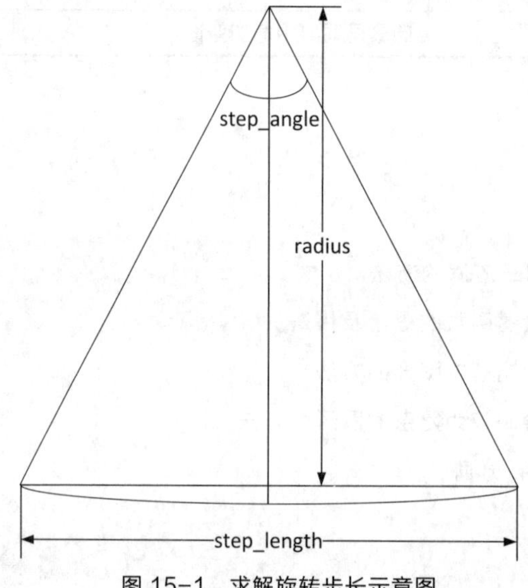

图 15-1 求解旋转步长示意图

step_length = 2 * tan(step_angle / 2) * radius

【参考程序】

```
1.    from turtle import *
2.    import math
3.    n = input("请输入半径：")
4.    radius = eval(n)
5.    goto(0,0)
6.    #用 circle 绘制圆形
7.    circle(radius)
8.    #用 forward 和 right 函数绘制近似圆
9.    step_angle = 1
10.   step_number = 360 // step_angle
```

```
11.  step_length = 2 * radius * math.tan(math.atan(1) * 4 * step_angle / (180 *
     2))
12.  #用 forward 和 left 函数绘制圆形
13.  color("purple")
14.  left(step_angle/2)
15.  pensize(5)
16.  for i in range(step_number):
17.        forward(step_length)
18.        left(step_angle)
```

【说明】

（1）step_angle = 1 表示每次旋转的角度为 1 度。

（2）step_length = 2 * radius * math.tan(math.atan(1) * 4 * step_angle / (180 * 2))用来计算旋转步长。

3. 用 Turtle 库绘制谢尔宾斯基三角，如图 15-2 所示。

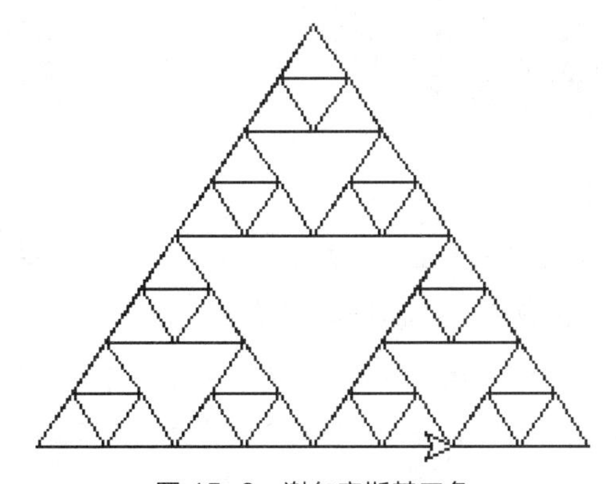

图 15-2 谢尔宾斯基三角

【指导】

本题的关键是求出三角形三条边的中点，根据两个中点和一个顶点绘制小三角形，并控制所绘制三角形的层数。

【参考程序】

```
1.  import turtle
2.  def drawTriangle(points):                        #绘制三角形并填充颜色
3.       turtle.fillcolor("white")
4.       turtle.up()
5.       turtle.goto(points[0][0],points[0][1])
6.       turtle.down()
7.       turtle.begin_fill()
8.       turtle.goto(points[1][0],points[1][1])
```

```
9.        turtle.goto(points[2][0],points[2][1])
10.       turtle.goto(points[0][0],points[0][1])
11.       turtle.end_fill()
12.   def getMid(p1,p2):                                #求三角形一条边的中点
13.       return ( (p1[0]+p2[0]) / 2, (p1[1] + p2[1]) / 2)
14.   def sierpinski(points,degree):
15.       drawTriangle(points)
16.       if degree > 0:
17.           sierpinski([points[0], getMid(points[0], points[1]),
18.           getMid(points[0], points[2])],degree-1)
19.           sierpinski([points[1], getMid(points[0], points[1]),
20.           getMid(points[1], points[2])],degree-1)
21.           sierpinski([points[2],getMid(points[2], points[1]),
22.           getMid(points[0], points[2])], degree-1)
23.   def main():
24.       myPoints = [[-100,-50],[0,100],[100,-50]]   #设置大三角形的 3 个顶点的位置
25.       sierpinski(myPoints,3)
26.   main()
```

【说明】

程序中利用递归来绘制各级三角形，每一级递归中，degree 减 1，当 degree 等于零时，停止递归。递归之前，需要用 getMid 函数求出即将绘制的三角形的顶点。

4. 用 jieba 的 3 种分词模式对“中国民航大学是中国民用航空局直属的一所以培养民航高级工程技术和管理人才为主的高等学府”进行分词，并观察 3 种分词模式所得出的结果的区别。

【参考程序】

```
1.   import jieba
2.   str = "中国民航大学是中国民用航空局直属的一所以培养民航高级工程技术和管理人才为主的高等
     学府"
3.   seg_list = jieba.lcut(str, cut_all=True)
4.   print(seg_list)
5.   seg_list = jieba.lcut(str, cut_all=False)
6.   print(seg_list)
7.   seg_list = jieba.lcut_for_search(str)
8.   print(seg_list)
```

15.4 思考题

1. 用 Turtle 库绘制图 15-3 所示的两种九角星，九角星的大小任意。

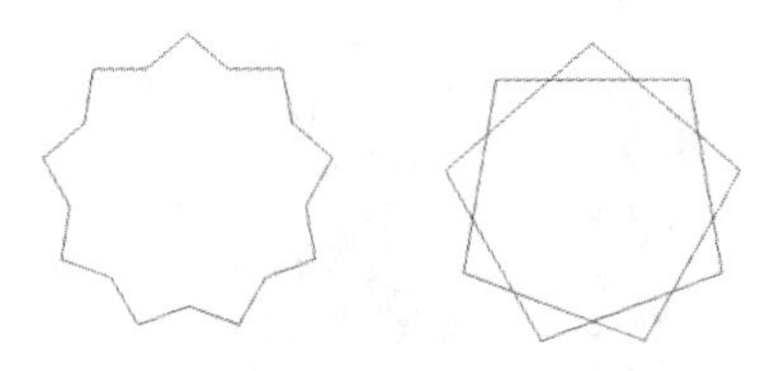

图 15-3 九角星

2. 用 Turtle 库绘制类似于图 15-4 所示的螺旋曲线。

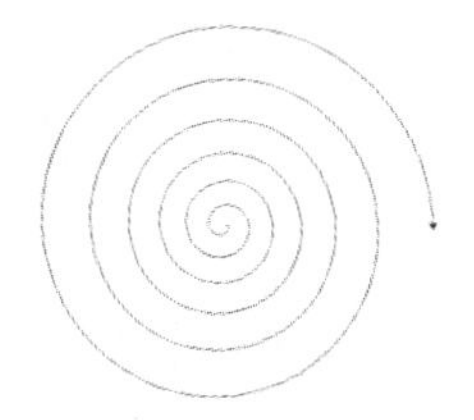

图 15-4 螺旋曲线

3. 结合绘制心形例题，用 Turtle 库绘制图 15-5 所示的“一箭穿心”。

图 15-5 一箭穿心

4. 统计电视剧《射雕英雄传》中主要人物出现的次数。

Test

16

实验 16 综合实验

16.1 实验目的

在已经熟练掌握了 Python 程序设计语言知识的基础上，进一步练习综合运用 Python 进行程序设计的方法，学习如何设计复杂问题的算法，以提高分析问题、解决问题的综合编程能力，并能够熟练进行程序设计调试与结果分析。

16.2 实验内容

1. 将校徽的图片转换为字符画表示。

【指导】

字符画的原理是建立原始图片的灰度值与字符集之间的映射关系，利用不同字符表示图片中不同的灰度值。在建立映射关系后，可以将原始的像素利用字符来表示出来。映射关系可以通过如下两种方法构建。

（1）首先将彩色图片转换为黑白图片，然后直接构建每个像素点的灰度值与字符集之间的映射关系。

（2）通过如下公式构建 RGB 值与灰度值之间的映射关系。

$$Gray = R*0.2126 + G*0.7152 + B*0.0722$$

【参考程序】

```
1.    from PIL import Image
2.    char_set = '''@B%8&WM#*oahkbdpqwmZO0QLCJUYXzcvunxrjft/\|()1{}[]?-_+~
      <>i!lI;:,"^`'. '''  # 所用的字符集
3.    def func1(image):
4.          image = image.convert("L")  # 将图片转换为黑白
5.          txt = ''
```

```
6.      for h in range(0, image.size[1]):  # size 属性表示图片的分辨率，'0'为横向大
        小，'1'为纵向大小
7.          for w in range(0, image.size[0]):
8.              gray = image.getpixel((w, h))  # 获取各像素点的灰度值
9.              txt = txt + char_set[int((len(char_set) * gray) / 256)]
                # 建立灰度值与字符集的映射
10.         txt = txt + '\r\n'
11.     return txt
12. def func2(image):
13.     txt = ''
14.     for h in range(0, image.size[1]):
15.         for w in range(0, image.size[0]):
16.             g, r, b = image.getpixel((w, h))
17.             gray = int(r * 0.2126 + g * 0.7152 + b * 0.0722)
18.             txt = txt + char_set[int((len(char_set) * gray) / 256)]
                # 建立灰度值与字符集的映射
19.         txt = txt + '\r\n'
20.     return txt
21. fp = open('e:/校徽.jpg', 'rb')
22. image = Image.open(fp)
23. image = image.resize((int(image.size[0] * 0.8), int(image.size[1] * 0.4)))
    # 调整图片大小
24. tmp = open('e:/tmp.txt', 'w')
25. tmp.write(func1(image))
26. tmp.close()
```

【运行结果】

程序运行结果如图 16-1 所示。

图 16-1 运行结果示意图

【说明】

（1）通过修改程序的第 18 行，可以尝试两种不同的方式生成字符画。

（2）resize()可以改变图片的尺寸比例，通过测试不同的比例可以得到最佳的显示效果。

2. 利用 Turtle 库，绘制校徽。

【指导】利用 Turtle 库，控制画圆、画圆弧及直线等。

【参考程序】

```
1.  import turtle
2.  turtle.pencolor("blue")
3.  turtle.speed(5)
4.  turtle.up()
5.  turtle.goto(0,-100)
6.  turtle.down()
7.  turtle.circle(180)
8.  turtle.up()
9.  turtle.left(90)
10. turtle.forward(60)
11. turtle.down()
12. turtle.right(90)
13. turtle.circle(120)
14. turtle.up()
15. turtle.goto(-7,10)
16. turtle.down()
17. turtle.left(93)
18. turtle.forward(75)
19. turtle.left(96)
20. turtle.forward(70)
21. turtle.right(98)
22. for i in range(25):
23.         turtle.forward(1)
24.         turtle.right(2.8)
25. turtle.forward(46)
26. for i in range(23):
27.         turtle.forward(1)
28.         turtle.left(2.8)
29. turtle.forward(50)
30. turtle.left(120)
31. turtle.forward(30)
32. turtle.left(60)
33. turtle.forward(30)
34. turtle.right(64.4)
35. turtle.forward(55)
36. turtle.circle(15,69.1)
37. turtle.forward(55)
38. turtle.left(98)
39. turtle.forward(65)
40. turtle.right(96)
41. turtle.forward(30)
42. turtle.right(111)
43. turtle.forward(69)
44. turtle.backward(69)
45. turtle.left(113)
46. turtle.forward(30.8)
47. turtle.left(120)
48. turtle.forward(30)
49. turtle.up()
50. turtle.goto(7,10)
51. turtle.down()
52. turtle.left(52.5)
53. turtle.forward(75)
54. turtle.right(96)
55. turtle.forward(70)
56. turtle.left(98)
57. for i in range(25):
58.         turtle.forward(1)
59.         turtle.left(2.8)
60. turtle.forward(46)
61. for i in range(23):
62.         turtle.forward(1)
```

```
63.         turtle.right(2.8)
64.     turtle.forward(50)
65.     turtle.right(120)
66.     turtle.forward(30)
67.     turtle.right(60)
68.     turtle.forward(30)
69.     turtle.left(64.4)
70.     turtle.forward(55)
71.     turtle.right(180)
72.     turtle.circle(15,-69.1)
73.     turtle.right(180)
74.     turtle.forward(55)
75.     turtle.right(98)
76.     turtle.forward(65)
77.     turtle.left(96)
78.     turtle.forward(30)
79.     turtle.left(111)
80.     turtle.forward(68)
81.     turtle.backward(68)
82.     turtle.right(113)
83.     turtle.forward(30.8)
84.     turtle.right(120)
85.     turtle.forward(30)
```

【运行结果】

程序运行结果如图 16-2 所示。

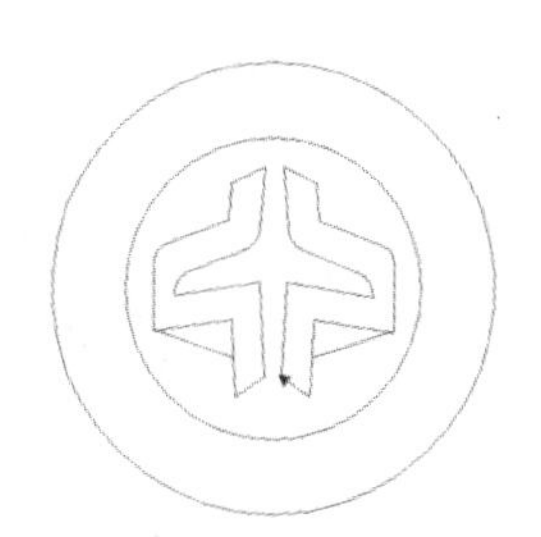

图 16-2　校徽绘制结果

3. 爬虫示例。

这是一个获取中国大学排名的爬虫实例，采用了 requests 和 beautifulsoup4 函数库。这里以上海交通大学研发的“软科中国大学排名 2016”为例，如图 16-3 所示，编写“大学排名爬虫”。

排名	学校名称	省市	总分	指标得分 生源质量（新生高考成绩得分）
1	清华大学	北京市	95.9	100.0
2	北京大学	北京市	82.6	98.9
3	浙江大学	浙江省	80	88.8
4	上海交通大学	上海市	78.7	90.6
5	复旦大学	上海市	70.9	90.4
6	南京大学	江苏省	66.1	90.7
7	中国科学技术大学	安徽省	65.5	90.1
8	哈尔滨工业大学	黑龙江省	63.5	80.9
9	华中科技大学	湖北省	62.9	83.5
10	中山大学	广东省	62.1	81.8

图 16-3　软科中国大学排名 2016

拟从网上爬取该名单上国内 310 所大学的排名数据，并将它们打印出来。读者可以对这些数据开展其他操作。

【指导】

大学排名爬虫的构建需要以下三个重要步骤。

（1）从网络上获取网页内容。

（2）分析网页内容并提取有用数据到恰当的数据结构中。

（3）利用数据结构展示或进一步处理数据。

由于大学排名数据是一个典型的二维数据，因此，采用二维列表存储该排名所涉及的表单数据。具体来说，采用 requests 库爬取网页内容，使用 beautifulsoup4 库分析网页中的数据，提取 310 个大学的排名及相关数据，存储到二维列表中，最后采用用户偏好的方式将其打印出来。为了解析网页上的数据，首先需要程序编写者观察爬虫页面的特点，即找到拟获取数据在 HTML 页面中的格式。打开大学排名页面，在浏览器菜单中选择“查看网页源代码”，该选项在所有浏览器中都存在，得到的 HTML 源代码如图 16-4 所示（为了便于阅读，该源代码做过一定的排版）。

```
<tbody class="hidden_zhpm" style="text-align:center;">
  <tr class="alt">
      <td>1</td><td><div align="left">清华大学</div></td> <td>北京市</td><td>95.9</td><td class="hidden-xs need-hidden
      indicator5">100.0</td><td class="hidden-xs need-hidden indicator6"  style="display:none;">97.90%</td><td class=
      "hidden-xs need-hidden indicator7"  style="display:none;">37342</td><td class="hidden-xs need-hidden indicator8"
      style="display:none;">1.298</td><td class="hidden-xs need-hidden indicator9"  style="display:none;">1177</td><td
      class="hidden-xs need-hidden indicator10"  style="display:none;">109</td><td class="hidden-xs need-hidden
      indicator11"  style="display:none;">1137711</td><td class="hidden-xs need-hidden indicator12"  style="display:none;"
      >1187</td><td class="hidden-xs need-hidden indicator13"  style="display:none;">593522</td>
  </tr>
  <tr>
      <td>2</td><td><div align="left">北京大学</div></td> <td>北京市</td><td>82.6</td><td class="hidden-xs need-hidden
      indicator5">98.9</td><td class="hidden-xs need-hidden indicator6"  style="display:none;">95.96%</td><td class=
      "hidden-xs need-hidden indicator7"  style="display:none;">36137</td><td class="hidden-xs need-hidden indicator8"
      style="display:none;">1.294</td><td class="hidden-xs need-hidden indicator9"  style="display:none;">986</td><td
      class="hidden-xs need-hidden indicator10"  style="display:none;">87</td><td class="hidden-xs need-hidden
      indicator11"  style="display:none;">439403</td><td class="hidden-xs need-hidden indicator12"  style="display:none;">
      799</td><td class="hidden-xs need-hidden indicator13"  style="display:none;">7343</td>
  </tr>
  <tr class="alt">
      <td>3</td><td><div align="left">浙江大学</div></td> <td>浙江省</td><td>80</td><td class="hidden-xs need-hidden
      indicator5">88.8</td><td class="hidden-xs need-hidden indicator6"  style="display:none;">96.46%</td><td class=
      "hidden-xs need-hidden indicator7"  style="display:none;">41188</td><td class="hidden-xs need-hidden indicator8"
      style="display:none;">1.059</td><td class="hidden-xs need-hidden indicator9"  style="display:none;">803</td><td
      class="hidden-xs need-hidden indicator10"  style="display:none;">86</td><td class="hidden-xs need-hidden
      indicator11"  style="display:none;">959511</td><td class="hidden-xs need-hidden indicator12"  style="display:none;">
      833</td><td class="hidden-xs need-hidden indicator13"  style="display:none;">64392</td>
  </tr>
```

图 16-4 所爬取的页面的 HTML 源代码

对比图 16-3 和图 16-4，每个大学排名的数据信息都被封装在一个<tr></tr>之间的结构中。这是 HTML 语言表示表格中一行的标签，在这行中，每列内容采用<td></td>表示。以“清华大学”为例，它对应一行信息的 HTML 代码如下。

【参考程序】

```
1.   import requests
2.   from bs4 import beautifulSoup
3.   allUniv = []
```

```
4.  def getHTMLText(url):
5.      try:
6.          r = requests.get(url, timeout=30)
7.          r.raise_for_status()
8.          r.encoding = 'utf-8'
9.          return r.text
10.     except:
11.         return ""
12. def fillUnivList(soup):
13.     data = soup.find_all('tr')
14.     for tr in data:
15.         ltd = tr.find_all('td')
16.         if len(ltd)==0:
17.             continue
18.         singleUniv = []
19.         for td in ltd:
20.             singleUniv.append(td.string)
21.         allUniv.append(singleUniv)
22. def printUnivList(num):
23.     print("{:^4}{:^10}{:^5}{:^8}{:^10}".format("排名","学校名称","省市",
        "总分","培养规模"))
24.     for i in range(num):
25.         u=allUniv[i]
26.         print("{:^4}{:^10}{:^5}{:^8}{:^10}".format(u[0],u[1],u[2],u[3],
            u[6]))
27. url = 'http://www.zuihaodaxue.cn/zuihaodaxuepaiming2016.html'
28. html = getHTMLText(url)
29. soup = BeautifulSoup(html, "html.parser")
30. fillUnivList(soup)
31. printUnivList(10)
```

4. 用词云统计《红楼梦》中的热词。

【指导】

什么是词云呢？词云又叫文字云，是对文本数据中出现频率较高的“关键词”在视觉上的突出呈现，形成关键词的渲染和类似云一样的彩色图片，从而一眼就可以领略文本数据表达的主要意思。

【参考程序】

```
1.  import matplotlib.pyplot as plt
2.  from wordcloud import WordCloud
3.  import jieba
```

```
4.  text_from_file_with_apath = open('红楼梦.txt').read()
5.  wordlist_after_jieba = jieba.cut(text_from_file_with_apath, cut_all = False)
6.  wl_space_split = " ".join(wordlist_after_jieba)
7.  my_wordcloud = WordCloud(font_path='msyh.ttc').generate(wl_space_split)
8.  plt.imshow(my_wordcloud)
9.  plt.axis("off")
10. plt.show()
```

【程序分析】

第 1～3 行分别导入了画图的库，词云生成库和 jieba 的分词库。

第 4 行读取本地的文件，代码中使用的文本是《红楼梦》。

第 5～6 行使用 jieba 进行分词，并对分词的结果以空格隔开。

第 7 行对分词后的文本生成词云。

第 8～10 行用 matplotlib.pyplot 展示词云图。

【运行结果】

词云运行结果如图 16-5 所示。

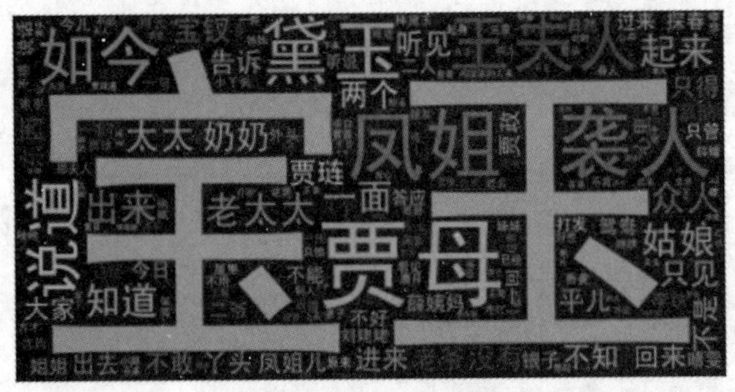

图 16-5　词云运行结果

附录
趣味程序

附录 1　图像处理类

1. 显示文件属性。

【参考程序】

```
1.   from PIL import Image
2.   img = Image.open('e:/python.jpg')
3.   img.show()
4.   print(img.format, img.size, img.mode)
```

【运行结果】

```
JPEG (744, 244) RGB
```

2. 将彩色图片转换为黑白图片，原图如附图 1-1 所示。

附图 1-1　CAUC 待处理原图

```
1.   from PIL import Image
2.   img = Image.open("e:/中国民航大学.jpg")
3.   #将彩色图片修改为黑白图片
4.   img = img.convert('L')
5.   #存储该张图片
6.   try:
7.        img.save("e:/黑白图片.png")
8.   except IOError:
```

```
9.        print("不能转换！")
```

【运行结果】

运行结果如附图 1-2 所示。

附图 1-2 运行结果

3. 改变图片文件的存储格式为.png。

【参考程序】

```
1.  from PIL import Image
2.  img = Image.open("e:/中国民航大学.jpg")
3.  img.save('e:/中国民航大学.png')
```

4. 生成图片的镜面图。

【参考程序】

```
1.  from PIL import Image
2.  image = Image.open('e:/中国民航大学.jpg')
3.  image_flip = image.transpose(Image.FLIP_LEFT_RIGHT)
4.  image_flip.save('e:/镜像图片.jpg')
```

【运行结果】

镜面效果如附图 1-3 所示。

附图 1-3 镜面效果示意图

5. 生成一个图片的缩略图。

【参考程序】

```
1.    from PIL import Image
2.    img = Image.open("e:/中国民航大学.jpg")
3.    #创建大小为 128×128 像素的缩略图
4.    img.thumbnail((128,128))
5.    #存储该张图片
6.    try:
7.        img.save('e:/缩略图.png')
8.    except IOError:
9.        print('不能转换！')
```

【运行结果】

缩略图效果如附图 1-4 所示。

附图 1-4　缩略图效果示意图

6. 调整图片的大小并使其旋转。

【参考程序】

```
1.    from PIL import Image
2.    import os
3.    img = Image.open("e:/中国民航大学.jpg")
4.    #修改图片大小，参数为一元组
5.    img = img.resize((100,100))
6.    #使图片逆时针旋转 30 度
7.    img = img.rotate(30)
8.    try:
9.        img.save("e:/旋转图片.png")
```

```
10.  except IOError:
11.      print("不能转换！")
```

【运行结果】

旋转效果如附图 1-5 所示。

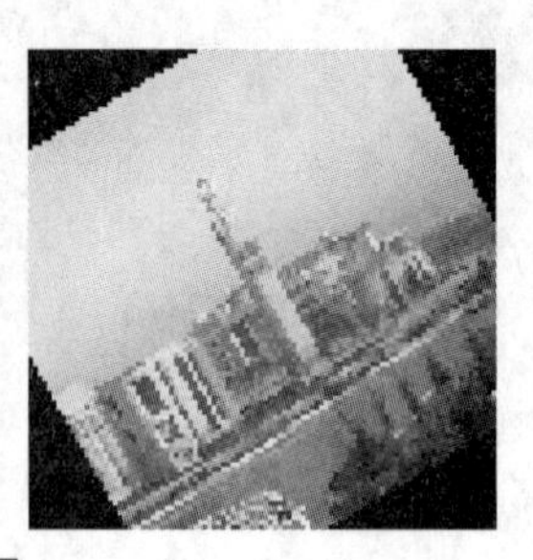

附图 1-5 旋转效果示意图

7. 对指定区域进行裁剪并粘贴到另一个指定的区域。

【参考程序】

```
1.   from PIL import Image
2.   img = Image.open("e:/中国民航大学.jpg")
3.   #对指定区域进行裁剪
4.   region = img.crop((100,100,200,200))
5.   #将裁减区域旋转 45 度
6.   region = region.rotate(45)
7.   #将该区域粘贴至指定区域
8.   img.paste(region,(100,100,200,200));
9.   #存储该张图片
10.  try:
11.      img.save("e:/粘贴图片.png")
12.  except IOError:
13.      print("不能转换！")
```

【运行结果】

裁剪粘贴效果如附图 1-6 所示。

8. 绘制图像的轮廓图。

【参考程序】

```
1.   from PIL import Image
```

```
2.    from pylab import *
3.    # 读取图像到数组中，并将其转换为黑白图片
4.    im = array(Image.open('e:/中国民航大学.jpg').convert('L'))
5.    #显示时抛弃颜色信息
6.    gray()
7.    # 显示轮廓图像
8.    contour(im, origin='image')
9.    # 在原点的左上角显示
10.   axis('equal')
11.   #关闭坐标轴
12.   axis('off')
13.   show()
```

附图 1-6　裁剪粘贴效果示意图

【运行结果】

轮廓效果如附图 1-7 所示。

附图 1-7　轮廓效果示意图

9. 对图片生成雪花。

【参考程序】

```
1.   from PIL import Image
2.   import numpy as np
3.   import matplotlib.pyplot as plt
4.   img=np.array(Image.open('e:/中国民航大学.jpg'))
5.   #随机生成 2000 个白色点
6.   rows,cols,dims=img.shape
7.   for i in range(2000):
8.          x=np.random.randint(0,rows)
9.          y=np.random.randint(0,cols)
10.         img[x,y,:]=255
11.  plt.figure("Snow")
12.  plt.imshow(img)
13.  plt.axis('off')
14.  plt.show()
```

【运行结果】

雪花效果如附图 1-8 所示。

附图 1-8 雪花效果示意图

10. 对图片进行二值化处理，像素值大于 128 的变为 1，否则变为 0。

【参考程序】

```
1.   from PIL import Image
2.   import numpy as np
3.   import matplotlib.pyplot as plt
4.   img=np.array(Image.open('e:/中国民航大学.jpg').convert('L'))
5.   rows,cols=img.shape
6.   for i in range(rows):
```

```
7.          for j in range(cols):
8.              if (img[i,j]<=128):
9.                  img[i,j]=0
10.             else:
11.                 img[i,j]=1
12. plt.figure("二值化")
13. plt.imshow(img,cmap='gray')
14. plt.axis('off')
15. plt.show()
```

【运行结果】

二值化效果如附图 1-9 所示。

附图 1-9 二值化效果示意图

11. 对图片进行模糊处理。

【参考程序】

```
1.  from PIL import Image, ImageFilter
2.  im_cauc = Image.open('c:/python/CAUC.jpg')
3.  im_blur = im_cauc.filter(ImageFilter.BLUR)
4.  im_blur.save('c:/python/blur_cauc.jpg', 'jpeg')
```

【运行结果】

模糊效果如附图 1-10 所示。

12. 对图片进行增强处理。

【参考程序】

```
1.  from PIL import Image, ImageFilter
2.  im_cauc = Image.open('c:/python/CAUC.jpg')
3.  imfilter = im_cauc.filter(ImageFilter.DETAIL)
4.  imfilter.save('c:/python/filter_cauc.jpg', 'jpeg')
```

附图 1-10　模糊效果示意图

【运行结果】

增强效果如附图 1-11 所示。

附图 1-11　增强效果示意图

13. 浮雕滤波，会使图像呈现出浮雕效果。

【参考程序】

```
1.   from PIL import Image, ImageFilter
2.   im_cauc = Image.open('c:/python/CAUC.jpg')
3.   im_blur = im_cauc.filter(ImageFilter.EMBOSS)
4.   im_blur.save('c:/python/emboss_cauc.jpg', 'jpeg')
```

【运行结果】

浮雕效果如附图 1-12 所示。

14. 边缘信息滤波。

【参考程序】

```
1.   from PIL import Image, ImageFilter
```

```
2.    im_cauc = Image.open('c:/python/CAUC.jpg')
3.    im_blur = im_cauc.filter(ImageFilter.FIND_EDGES)
4.    im_blur.save('c:/python/edge_cauc.jpg', 'jpeg')
```

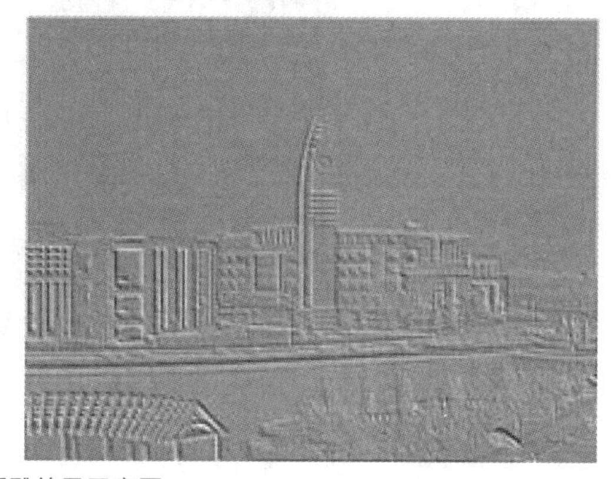

附图 1-12 浮雕效果示意图

【运行结果】

边缘提取如附图 1-13 所示。

附图 1-13 边缘提取示意图

15. 图像合并成一个对应透明度值得一个图像。

【参考程序】

```
1.    from PIL import Image
2.    im01 =Image.open("cauc.jpg")
3.    im02 =Image.open("cauc2.jpg")
4.    im =Image.blend(im01, im02, 0.3)
5.    im.save('cauc3.jpg', 'jpeg')
```

【运行结果】

合成效果如附图 1-14 所示。

附图 1-14　合成效果 1 示意图

16. 逐像素比较，选择较大值作为新图像的像素值。

【参考程序】

```
1.   from PIL import Image, ImageChops
2.   im01 =Image.open("cauc.jpg")
3.   im02 =Image.open("cauc2.jpg")
4.   im =ImageChops.lighter(im01, im02)
5.   im.save('cauc4.jpg', 'jpeg')
```

【运行结果】

合成效果如附图 1-15 所示。

附图 1-15　合成效果 2 示意图

17. 图片上画一些椭圆形。

【参考程序】

```
1.   from PIL import Image, ImageDraw
2.   im_cauc = Image.open('c:/python/CAUC.jpg')
```

```
3.    draw =ImageDraw.Draw(im_cauc)
4.    draw.ellipse((0,0, 200, 200), fill = (255, 0, 0))
5.    draw.ellipse((200,200,400,300),fill = (0, 255, 0))
6.    im_cauc.save('c:/python/draw_cauc.jpg', 'jpeg')
```

【运行结果】

绘图效果如附图 1-16 所示。

附图 1-16　绘图效果示意图

18. GIF 倒着放映。

【参考程序】

```
1.    fom PIL import Image, ImageSequence
2.    im=Image.open('c:/python/forward.gif')
3.    if im.is_animated:
4.          frames = [f.copy() for f in ImageSequence.Iterator(im) ]
5.          frames.reverse() # 内置列表倒序方法
6.          # 将倒序后的所有帧图像保存下来
7.    frames[0].save('c:/python/backward.gif', save_all=True, append_images =
      frames[1:])
```

【运行结果】

GIF 倒放如附图 1-17 所示。

附图 1-17　GIF 倒放示意图

附录 2 数值计算类

1. 使用蒙特卡洛方法求π。蒙特卡洛算法：蒙特卡洛是美国摩纳哥的一个城市。蒙特卡洛算法借用这一城市的名称是为了象征性地表明该方法的概率统计特点。蒙特卡洛算法作为一种计算方法，是由 S.M.乌拉姆和 J.冯诺依曼在 20 世纪 40 年代中叶为研制核武器的需要而提出的。蒙特卡洛方法的基本思想虽然早已被人提出，例如在古典概率中的著名法国数学家布丰利用投针求圆周率 Pi 值，却很少被使用。直到电子计算机出现后，人们可以通过电子计算机来模拟巨大数目的随机试验过程，使得蒙特卡洛方法得到广泛的应用。用蒙特卡洛投点法计算 Pi 值，在一个边长为 a 的正方形内随机投点，该点落在此正方形的内切圆中的概率即为内切圆与正方形的面积比值，即 Pi * (a / 2)^2 : a^2 = Pi / 4。

【参考程序】

```
1.   import random
2.   N=100000
3.   def getPi():
4.       cnt = 0
5.       for i in range(N) :
6.           x = random.uniform(0,1)
7.           y = random.uniform(0,1)
8.           if (x*x + y*y) < 1 :
9.               cnt += 1
10.      vPi = 4.0 * cnt / N
11.      return vPi
12.  print(getPi())
```

【运行结果】

```
>>> 3.14176
```

注：由于采用随机方法，每次运行结果会有不同。

2. 计算数值积分。在数值分析中，数值积分是计算定积分数值的方法和理论。在数学分析中，给定函数的定积分的计算不总是可行的。许多定积分不能用已知的积分公式得到精确值。数值积分是利用黎曼积分等数学定义，用数值逼近的方法近似计算给定的定积分值。借助于电子计算设备，数值积分可以快速而有效地计算复杂的积分。详细数值积分方法请读者自行在网上查阅。利用 Python 实现数值积分计算：$\int_1^2 x^2 dx$。

【参考程序】

```
1.   An_1 = 0
2.   An = 0
3.   n = 1
```

```
4.   epsilon = 10**(-5)
5.   while True:
6.       An_1 = An
7.       An=0.0
8.       for k in range(n):
9.           An = An + (1+k/float(n))**2*(1/float(n))
10.      if abs(An - An_1) < epsilon:
11.          break
12.      else:
13.          n = n + 1
14.  print(n,"  ",An)
15.  print(7/3.0)
```

【运行结果】

```
388   2.3294684610479344
2.3333333333333335
```

提示：2.3294684610479344 为数值积分结果，2.3333333333333335 为积分真实值，随着循环次数的增加，两个值之间的差会越来越小，最终趋近于 0。

3. 梯度下降法。梯度下降法（Gradient Descent），又名最速下降法（Steepest Descent），是求解无约束优化问题最常用的方法之一。它是一种迭代方法，每一步的主要操作是求解目标函数的梯度向量，将当前位置的负梯度方向作为搜索方向（因为在该方向上目标函数下降最快，所以又称为最速下降法）。下面程序给出了一个梯度下降法的示例。

【参考程序】

```
1.   import numpy as np
2.   import matplotlib.pyplot as plt
3.   #y=2 * (x1) + (x2) + 3
4.   rate = 0.001
5.   x_train = np.array([    [1, 2],    [2, 1],    [2, 3],    [3, 5],    [1, 3],
     [4, 2],    [7, 3],    [4, 5],    [11, 3],    [8, 7]    ])
6.   y_train = np.array([7, 8, 10, 14, 8, 13, 20, 16, 28, 26])
7.   x_test  = np.array([    [1, 4],    [2, 2],    [2, 5],    [5, 3],    [1, 5],
     [4, 1]    ])
8.   a = np.random.normal()
9.   b = np.random.normal()
10.  c = np.random.normal()
11.  def h(x):
12.      return a*x[0]+b*x[1]+c
```

```
13.  for i in range(10000):
14.          sum_a=0
15.          sum_b=0
16.          sum_c=0
17.          for x, y in zip(x_train, y_train):
18.              sum_a = sum_a + rate*(y-h(x))*x[0]
19.              sum_b = sum_b + rate*(y-h(x))*x[1]
20.              sum_c = sum_c + rate*(y-h(x))
21.          a = a + sum_a
22.          b = b + sum_b
23.          c = c + sum_c
24.          plt.plot([h(xi) for xi in x_test])
25.  print(a)
26.  print(b)
27.  print(c)
28.  result=[h(xi) for xi in x_train]
29.  print(result)
30.  result=[h(xi) for xi in x_test]
31.  print(result)
32.  plt.show()
```

【运行结果】

梯度下降法示意图如附图 2-1 所示。

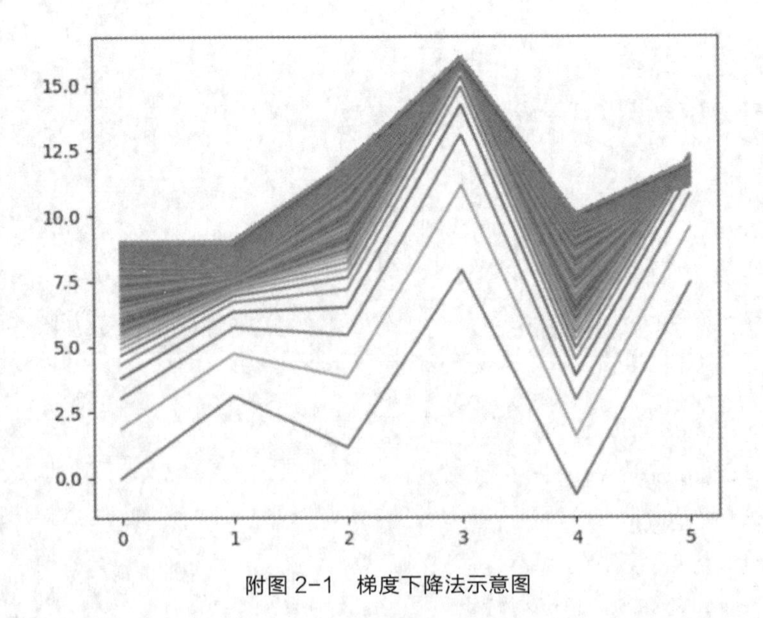

附图 2-1　梯度下降法示意图

4. 笛卡儿心形曲线：1649 年，52 岁的笛卡儿受聘当 18 岁瑞典公主克里斯汀的数学老师，每天形影不离的相处使他们彼此产生了爱慕之心，国王知道后勃然大怒，将笛卡儿流放回法国。回到法国后不久笛卡儿便染上重病，在给克里斯汀寄出第十三封信后就气绝身亡，这第十三封信的内容只有短短的一个公式：$r=\alpha(1-\sin\theta)$。这就是著名的“心形线”。样例代码利用 Python 画出了这个曲线。搜索查找或自己设计其他心形曲线，并仿照参考程序画出曲线。

【参考程序】

```
1.   import numpy as np
2.   import matplotlib.pyplot as plt
3.   '''
4.   r = a(1-sin(t))   is equal to
5.   x = a(2cos(t)-cos(2t))
6.   y = a(2sin(t)-sin(2t))
7.   '''
8.   a=1
9.   t=np.linspace(0, 2*np.pi, 1024)
10.  X = a * (2*np.cos(t)-np.cos(2*t))
11.  Y = a * (2*np.sin(t)-np.sin(2*t))
12.  plt.plot(Y, X, color = 'r')
13.  plt.show()
```

【运行结果】

心形曲线如附图 2-2 所示。

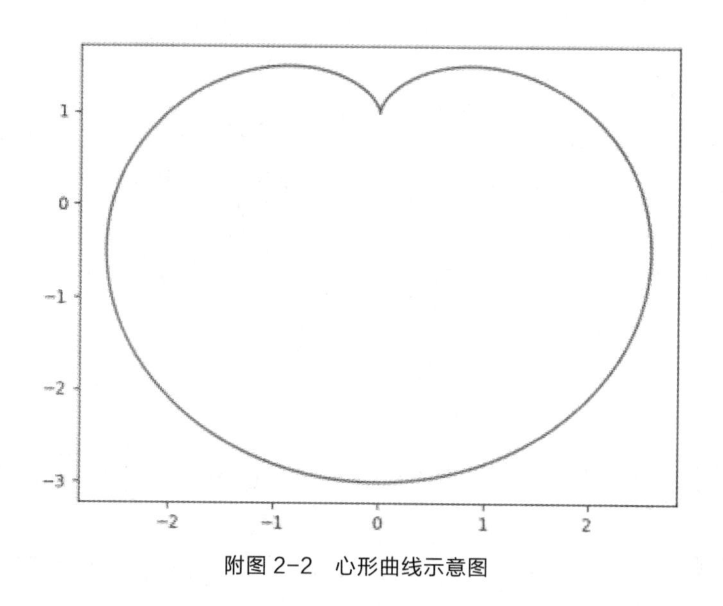

附图 2-2　心形曲线示意图

5. 验证哥德巴赫猜想。1742 年，哥德巴赫给欧拉的信中提出了以下猜想：任一大于 2 的整数都可写成三个质数之和。但是哥德巴赫自己无法证明它，于是就写信请教赫赫有名的大数学家欧拉帮忙证明，但是直到去世，欧拉也无法证明。因现今数学界已经不使用“1 也是素数”这个约定，原初猜想的现代陈述为：任一大于 5 的整数都可写成三个质数之和。欧拉在回信中也提出另一等价版本，即任一大于 2 的偶数都可写成两个质数之和。今日常见的猜想陈述为欧拉的版本。把命题“任一充分大的偶数都可以表示成为一个素因子个数不超过 a 个的数与另一个素因子个数不超过 b 个的数之和”记作“a+b”。1966 年陈景润证明了“1+2”成立，即“任一充分大的偶数都可以表示成两个素数的和，或是一个素数和一个半素数的和”。任意输入一个偶数，验证是否满足哥德巴赫猜想。

【参考程序】

```
1.   def ISprime(n): #素数的函数
2.       i=2
3.       while i<=n:
4.           if n%i==0:
5.               break
6.           i+=1
7.       if i==n:
8.           return True
9.   B=input('输入大于 6 的偶数')
10.  B=int(B)
11.  if B%2==0:
12.      i=1
13.      while i<=B:
14.          j=B-i
15.          if ISprime(i):
16.              if ISprime(j) and i<=j:#i<=j 是为了防止重复
17.                  print('%d+%d=%d'%(i,j,B))
18.          i+=1
19.  else:
20.      print('no even')
```

【运行结果示例】

```
>>> 输入大于 6 的偶数 8
3+5=8
```

6. 利用级数求 sin 值，$\sin(x)=\frac{x}{1}-\frac{x^3}{3!}+\frac{x^5}{5!}-\frac{x^7}{7!}\cdots+(-1)^{n-1}\frac{x^{2n-1}}{(2n-1)!}$，计算这个值，并与 Python 的函数 sin()所求得的值进行比较。

【参考程序】

```
1.   import math
2.   x = float(input("Please input an float number:"))
3.   t = x
4.   i = 1
5.   sum = x
6.   while abs(t)>10**(-5):
7.       t = t*(-1)*x*x/((i+1)*(i+2))
8.       i = i+2
9.       sum = sum + t
10.  print(sum)
11.  print(math.sin(x))
```

【运行结果】

```
0.14112001741324257
0.1411200080598672
```

注：可以看出两个值非常相近，随着循环次数的增加，级数所得到的值越接近真实值。

7. 曼德勃罗集：曼德勃罗集合（Mandelbrot Set）或曼德勃罗复数集合，是一种在复平面上组成分形的点的集合，因由曼德勃罗提出而得名。曼德勃罗集合可以使用复二次多项式 $f_c(z)=z^2+c$ 进行迭代。其中，c 是一个复参数。对于每一个 c，从 $z=0$ 开始对 $f_c(z)$ 进行迭代。序列 $(0,f_c(0),f_c(f_c(0)),f_c(f_c(f_c(0))),\cdots)$ 的值或者延伸到无限大，或者只停留在有限半径的圆盘内（这与不同的参数 c 有关）。曼德勃罗集合就是使以上序列不延伸至无限大的所有 c 点的集合。

【参考程序】

```
1.   import numpy as np
2.   import pylab as pl
3.   import time
4.   from matplotlib import cm
5.   def iter_point(c):
6.       z = c
7.       for i in range(1, 100): # 最多迭代 100 次
8.           if abs(z)>2: break # 半径大于 2 则认为逃逸
9.           z = z*z+c
10.      return i # 返回迭代次数
11.  def draw_mandelbrot(cx, cy, d):
12.      """
13.      绘制点(cx, cy)附近正负 d 的范围的 mandelbrot
14.      """
```

```
15.         x0, x1, y0, y1 = cx-d, cx+d, cy-d, cy+d
16.         y, x = np.ogrid[y0:y1:200j, x0:x1:200j]
17.         c = x + y*1j
18.         start = time.clock()
19.         mandelbrot = np.frompyfunc(iter_point,1,1)(c).astype(np.float)
20.         print("time=",time.clock() - start)
21.         pl.imshow(mandelbrot, cmap=cm.jet, extent=[x0,x1,y0,y1])
22.         pl.gca().set_axis_off()
23.   x,y = 0.27322626, 0.595153338
24.   pl.subplot(231)
25.   draw_mandelbrot(-0.5,0,1.5)
26.   for i in range(2,7):
27.         pl.subplot(230+i)
28.         draw_mandelbrot(x, y, 0.2**(i-1))
29.   pl.subplots_adjust(0.02, 0, 0.98, 1, 0.02, 0)
30.   pl.show()
```

【运行结果】

曼德勃罗集分形示意图如附图 2-3 所示。

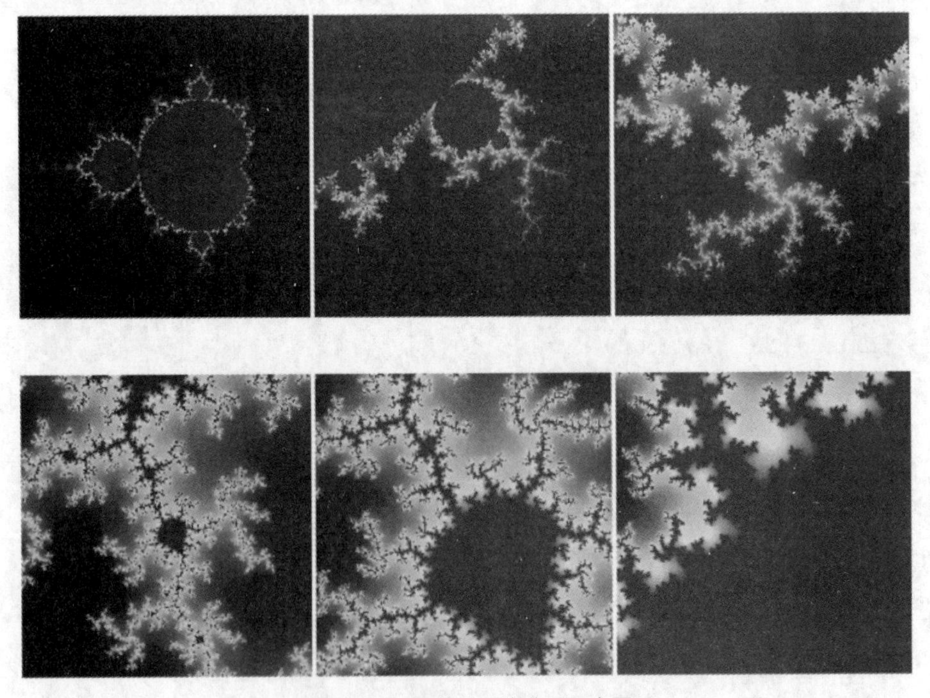

附图 2-3　曼德勃罗集分形示意图

8. 曲线拟合。数据拟合又称曲线拟合，俗称拉曲线，是一种把现有数据通过数学方法来代入一条数学表达式的表示方式。科学和工程问题可以通过诸如采样、实验等方法获得若干离散的数据，根据这些数据，我们往往希望得到一个连续的函数（也就是曲线）或者更加密集的离散方程与已知数据相吻合，这一过程叫作拟合（fitting）。下面代码给出了一种利用最小二乘法进行多项式拟合的方法。

【参考程序】

```
1.  import matplotlib.pyplot as plt
2.  import numpy as np
3.  x = np.arange(1, 17, 1)
4.  y = np.array([4.00, 6.40, 8.00, 8.80, 9.22, 9.50, 9.70, 9.86, 10.00, 10.20,
    10.32, 10.42, 10.50, 10.55, 10.58, 10.60])
5.  z1 = np.polyfit(x, y, 3)#用 3 次多项式拟合
6.  p1 = np.poly1d(z1)
7.  print(p1) #在屏幕上打印拟合多项式
8.  yvals=p1(x)#也可以使用 yvals=np.polyval(z1,x)
9.  plot1=plt.plot(x, y, '*',label='original values')
10. plot2=plt.plot(x, yvals, 'r',label='polyfit values')
11. plt.xlabel('x axis')
12. plt.ylabel('y axis')
13. plt.legend(loc=4)#指定 legend 的位置,读者可以自己 help 它的用法
14. plt.title('polyfitting')
15. plt.show()
16. plt.savefig('p1.png')
```

【运行结果】

曲线拟合示意图如附图 2-4 所示。

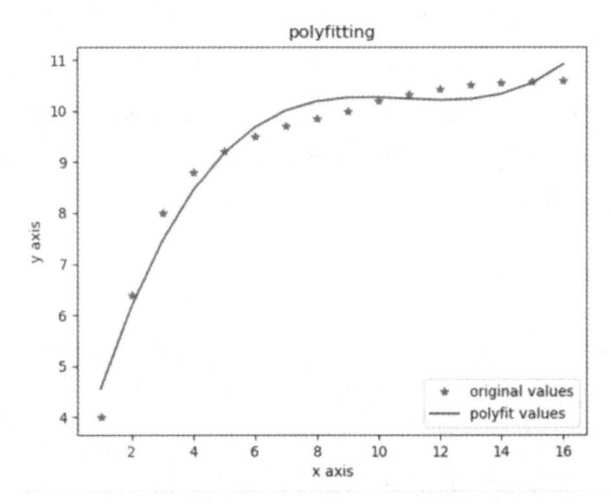

附图 2-4 曲线拟合示意图

9. 模拟生日概率问题。如果一个房间里有一定数量的人，那么要使至少有两个人的生日相同的概率大于 50%，求房间中最少有多少人？

【参考程序】

```
1.   days = 365
2.   numPeople = 1
3.   prob = 0
4.   #有两个人的生日相同的概率大于 50%时，停止循环。
5.   while prob < 0.5:
6.       numPeople += 1
7.       prob = 1 - ((1-prob) * (days-(numPeople-1)) / days)
8.       print("Number of people:",numPeople)
9.       print("Prob. of same birthday:",prob)
```

【运行结果】

```
>>> Number of people: 2
Prob. of same birthday: 0.002739726027397249
Number of people: 3
……
Number of people: 22
Prob. of same birthday: 0.4756953076625502
Number of people: 23
Prob. of same birthday: 0.5072972343239855
```

10. 加密与解密。RSA 公钥加密算法是 1977 年由罗纳德・李维斯特（Ron. Rivest）、阿迪・萨莫尔（Adi. Shamir）和伦纳德・阿德曼（Leonard. Adleman）一起提出的。1987 年 7 月首次在美国公布，当时他们三人都在麻省理工学院工作实习。RSA 就是他们三人姓氏的开头字母拼在一起组成的。RSA 是目前最有影响力和最常用的公钥加密算法之一，它能够抵抗目前为止已知的绝大多数密码攻击，已被 ISO 推荐为公钥数据加密标准。RSA 算法基于一个十分简单的数论事实：将两个大质数相乘十分容易，但是想要对其乘积进行因式分解却极其困难，因此可以将乘积公开作为加密密钥。下面示例代码给出了 RSA 加密和解密方法。

【参考程序】

```
1.   import math
2.   import random
3.   def gen_prime_num(max_num):
4.       prime_num=[]
5.       for i in range(2,max_num):
6.           temp=0
```

```
7.            sqrt_max_num=int(math.sqrt(i))+1
8.            for j in range(2,sqrt_max_num):
9.                if i%j==0:
10.                   temp=j
11.                   break
12.           if temp==0:
13.               prime_num.append(i)
14.       return prime_num
15.   def gen_rsa_key():
16.       prime=gen_prime_num(500)
17.       print (prime[-80:-1])
18.       while 1:
19.           prime_str=input("\n please choose two prime number from
              above: ").split(",")
20.           p,q=[int(x) for x in prime_str]
21.           if (p in prime) and (q in prime):
22.               break
23.           else:
24.               print ("the number you enter is not prime number.")
25.           N=p*q
26.       r=(p-1)*(q-1)
27.       r_prime=gen_prime_num(r)
28.       r_len=len(r_prime)
29.       e=r_prime[int(random.uniform(0,r_len))]
30.       d=0
31.       for n in range(2,r):
32.           if (e*n)%r==1:
33.               d=n
34.               break
35.           return ((N,e),(N,d))
36.   def encrypt(pub_key,origal):
37.       N,e=pub_key
38.       return (origal**e)%N
39.   def decrypt(pri_key,encry):
40.       N,d=pri_key
41.       return (encry**d)%N
42.   if __name__=='__main__':
```

```
43.        pub_key,pri_key=gen_rsa_key()
44.        print (" public  key ",pub_key)
45.        print (" private key",pri_key )
46.        origal_text=input("\n please input the origal text: ")
47.        encrypt_text=[encrypt(pub_key,ord(x)) for x in origal_text]
48.        decrypt_text=[chr(decrypt(pri_key,x)) for x in encrypt_text]
49.        encrypt_show=",".join([str(x) for x in encrypt_text])
50.        decrypt_show="".join(decrypt_text)
51.        print (" encrypt text: ",encrypt_show)
52.        print (" decrypt text: ",decrypt_show)
```

【运行结果】

加密解密示意图如附图 2-5 所示。

```
>>> [53, 59, 61, 67, 71, 73, 79, 83, 89, 97, 101, 103, 107, 109, 113, 127, 131, 137, 139, 149, 151,
157, 163, 167, 173, 179, 181, 191, 193, 197, 199, 211, 223, 227, 229, 233, 239, 241, 251, 257, 263,
269, 271, 277, 281, 283, 293, 307, 311, 313, 317, 331, 337, 347, 349, 353, 359, 367, 373, 379, 383,
389, 397, 401, 409, 419, 421, 431, 433, 439, 443, 449, 457, 461, 463, 467, 479, 487, 491]

please choose two prime number from above: 101,457
public  key (46157, 7103)
private key (46157, 7967)

please input the origal text: nihao
encrypt text:  41331,28243,6794,37710,31603
decrypt text:  nihao
```

附图 2-5　加密解密示意图

附录 3　图像绘制类

1. 绘制彩虹螺旋四边形。

【参考程序】

```
1.   import turtle
2.   turtle.setup(width=600, height=500)
3.   turtle.reset()
4.   turtle.hideturtle()
5.   turtle.speed(0)
6.   turtle.bgcolor('black')
7.   c = 0
8.   x = 0
9.   colors = [
10.  #reddish colors
```

```
11.  (1.00, 0.00, 0.00),(1.00, 0.03, 0.00),(1.00, 0.05, 0.00),(1.00, 0.07,
     0.00),(1.00, 0.10, 0.00),(1.00, 0.12, 0.00),(1.00, 0.15, 0.00),(1.00, 0.17,
     0.00),(1.00, 0.20, 0.00),(1.00, 0.23, 0.00),(1.00, 0.25, 0.00),(1.00, 0.28,
     0.00),(1.00, 0.30, 0.00),(1.00, 0.33, 0.00),(1.00, 0.35, 0.00),(1.00, 0.38,
     0.00),(1.00, 0.40, 0.00),(1.00, 0.42, 0.00),(1.00, 0.45, 0.00),(1.00, 0.47,
     0.00),
12.  #orangey colors
13.  (1.00, 0.50, 0.00),(1.00, 0.53, 0.00),(1.00, 0.55, 0.00),(1.00, 0.57,
     0.00),(1.00, 0.60, 0.00),(1.00, 0.62, 0.00),(1.00, 0.65, 0.00),(1.00, 0.68,
     0.00),(1.00, 0.70, 0.00),(1.00, 0.72, 0.00),(1.00, 0.75, 0.00),(1.00, 0.78,
     0.00),(1.00, 0.80, 0.00),(1.00, 0.82, 0.00),(1.00, 0.85, 0.00),(1.00, 0.88,
     0.00),(1.00, 0.90, 0.00),(1.00, 0.93, 0.00),(1.00, 0.95, 0.00),(1.00, 0.97,
     0.00),
14.  #yellowy colors
15.  (1.00, 1.00, 0.00),(0.95, 1.00, 0.00),(0.90, 1.00, 0.00),(0.85, 1.00,
     0.00),(0.80, 1.00, 0.00),(0.75, 1.00, 0.00),(0.70, 1.00, 0.00),(0.65, 1.00,
     0.00),(0.60, 1.00, 0.00),(0.55, 1.00, 0.00),(0.50, 1.00, 0.00),(0.45, 1.00,
     0.00),(0.40, 1.00, 0.00),(0.35, 1.00, 0.00),(0.30, 1.00, 0.00),(0.25, 1.00,
     0.00),(0.20, 1.00, 0.00),(0.15, 1.00, 0.00),(0.10, 1.00, 0.00),(0.05, 1.00,
     0.00),
16.  #greenish colors
17.  (0.00, 1.00, 0.00),(0.00, 0.95, 0.05),(0.00, 0.90, 0.10),(0.00, 0.85,
     0.15),(0.00, 0.80, 0.20),(0.00, 0.75, 0.25),(0.00, 0.70, 0.30),(0.00, 0.65,
     0.35),(0.00, 0.60, 0.40),(0.00, 0.55, 0.45),(0.00, 0.50, 0.50),(0.00, 0.45,
     0.55),(0.00, 0.40, 0.60),(0.00, 0.35, 0.65),(0.00, 0.30, 0.70),(0.00, 0.25,
     0.75),(0.00, 0.20, 0.80),(0.00, 0.15, 0.85),(0.00, 0.10, 0.90),(0.00, 0.05,
     0.95),
18.  #blueish colors
19.  (0.00, 0.00, 1.00),(0.05, 0.00, 1.00),(0.10, 0.00, 1.00),(0.15, 0.00,
     1.00),(0.20, 0.00, 1.00),(0.25, 0.00, 1.00),(0.30, 0.00, 1.00),(0.35, 0.00,
     1.00),(0.40, 0.00, 1.00),(0.45, 0.00, 1.00),(0.50, 0.00, 1.00),(0.55, 0.00,
     1.00),(0.60, 0.00, 1.00),(0.65, 0.00, 1.00),(0.70, 0.00, 1.00),(0.75, 0.00,
     1.00),(0.80, 0.00, 1.00),(0.85, 0.00, 1.00),(0.90, 0.00, 1.00),(0.95, 0.00,
     1.00)
20.  ]
21.  while x < 1000:
22.      idx = int(c)
23.      color = colors[idx]
24.      turtle.color(color)
25.      turtle.forward(x)
26.      turtle.right(91)
27.      x = x + 0.5
28.      c = c + 0.1
29.  turtle.exitonclick()
```

【运行结果】

螺旋四边形示意图如附图 3-1 所示。

附图 3-1　螺旋四边形示意图

2. 绘制钟表。

【参考程序】

```
30.  import turtle
31.  screen=turtle.Screen()
32.  trtl=turtle.Turtle()
33.  screen.setup(620,620)
34.  trtl.pensize(4)
35.  trtl.shape('turtle')
36.  trtl.penup()
37.  trtl.pencolor('black')
38.  m=0
39.  n=0
40.  for i in range(12):
41.           m=m+1
42.           trtl.penup()
43.           trtl.setheading(-30*i+60)
44.           trtl.forward(150)
45.           trtl.pendown()
46.           trtl.forward(25)
47.           trtl.penup()
48.           trtl.forward(40)
49.           if m==12:
50.               m=0
51.           trtl.home()
52.           for j in range(4):
```

```
53.                     n=n+1
54.                     trtl.penup()
55.                     trtl.setheading(-6*n+60)
56.                     trtl.pensize(2)
57.                     trtl.forward(170)
58.                     trtl.pendown()
59.                     trtl.forward(5)
60.                     trtl.penup()
61.                     trtl.home()
62.                     if j==3:
63.                             n=n+1
64.             trtl.pensize(4)
65. trtl.home()
66. trtl.pensize(3)
67. trtl.pendown()
68. trtl.setheading(0)
69. trtl.forward(120)
70. trtl.penup()
71. trtl.home()
72. trtl.pendown()
73. trtl.setheading(90)
74. trtl.forward(140)
75. trtl.penup()
76. trtl.setpos(150,-270)
77. trtl.ht()
```

【运行结果】

时钟示意图如附图 3-2 所示。

附图 3-2　时钟示意图

3. 绘制机器猫的头。

【参考程序】

```
1.  import turtle
2.  t =turtle.Pen()
3.  t.hideturtle()
4.  t.pensize(5)
5.  #blue&amp;white face
6.  t.color('black','blue')
7.  t.begin_fill()
8.  t.circle(200)
9.  t.end_fill()
10. t.color('black','white')
11. t.begin_fill()
12. t.circle(160)
13. t.end_fill()
14. #nose
15. t.color('black','red')
16. t.penup()
17. t.goto(0,50)
18. t.pendown()
19. t.goto(0,200)
20. t.begin_fill()
21. t.circle(20)
22. t.end_fill()
23. t.penup()
24. #eye
25. t.goto(-45,250)
26. t.color('black','white')
27. t.begin_fill()
28. t.pendown()
29. t.circle(45)
30. t.penup()
31. t.end_fill()
32. t.goto(-20,250)
33. t.color('black','black')
34. t.begin_fill()
35. t.pendown()
36. t.circle(15)
37. t.penup()
38. t.end_fill()
39. t.goto(45,250)
40. t.color('black','white')
41. t.begin_fill()
42. t.pendown()
43. t.circle(45)
44. t.penup()
45. t.end_fill()
46. t.goto(20,250)
47. t.color('black','black')
48. t.begin_fill()
49. t.pendown()
50. t.circle(15)
51. t.penup()
52. t.end_fill()
53. #smile
54. t.goto(0,50)
55. t.pendown()
56. t.circle(175,extent = -35)
57. print(t.pos())
58. t.circle(175,extent = 70)
59. #left beard
60. t.penup()
61. t.goto(-30, 170)
62. t.setheading(165)
63. t.pendown()
64. t.forward(100)
65. t.penup()
66. t.goto(-30,145)
67. t.setheading(180)
68. t.pendown()
```

```
69.  t.forward(100)
70.  t.penup()
71.  t.goto(-30,120)
72.  t.setheading(195)
73.  t.pendown()
74.  t.forward(100)
75.  #right beard
76.  t.penup()
77.  t.goto(30, 170)
78.  t.setheading(15)
79.  t.pendown()
80.  t.forward(100)
81.  t.penup()
82.  t.goto(30,145)
83.  t.setheading(0)
84.  t.pendown()
85.  t.forward(100)
86.  t.penup()
87.  t.goto(30,120)
88.  t.setheading(-15)
89.  t.pendown()
90.  t.forward(100)
```

【运行结果】

机器猫的头绘制示意图如附图 3-3 所示。

附图 3-3 机器猫的头绘制示意图

4. 绘制一束玫瑰花。

【参考程序】

```
1.   import turtle
2.   # 设置初始位置
3.   turtle.penup()
4.   turtle.left(90)
5.   turtle.fd(200)
6.   turtle.pendown()
7.   turtle.right(90)
8.   # 花蕊
9.   turtle.fillcolor("red")
10.  turtle.begin_fill()
11.  turtle.circle(10,180)
12.  turtle.circle(25,110)
13.  turtle.left(50)
14.  turtle.circle(60,45)
15.  turtle.circle(20,170)
16.  turtle.right(24)
17.  turtle.fd(25)
18.  turtle.left(10)
19.  turtle.circle(30,120)
20.  turtle.fd(25)
```

```
21.  turtle.left(40)
22.  turtle.circle(90,70)
23.  turtle.circle(30,150)
24.  turtle.right(40)
25.  turtle.fd(15)
26.  turtle.circle(80,90)
27.  turtle.left(15)
28.  turtle.fd(45)
29.  turtle.right(165)
30.  turtle.fd(20)
31.  turtle.left(155)
32.  turtle.circle(150,80)
33.  turtle.left(50)
34.  turtle.circle(150,88)
35.  turtle.end_fill()
36.  # 花瓣 1
37.  turtle.left(150)
38.  turtle.circle(-90,69)
39.  turtle.left(20)
40.  turtle.circle(75,105)
41.  turtle.setheading(60)
42.  turtle.circle(80,98)
43.  turtle.circle(-78,43)
44.  # 花瓣 2
45.  turtle.left(180)
46.  turtle.circle(78,43)
47.  turtle.circle(-80,98)
48.  turtle.setheading(-83)
49.  # 叶子 1
50.  turtle.pensize(4)
51.  turtle.fd(30)
52.  turtle.left(90)
53.  turtle.fd(25)
54.  turtle.left(45)
55.  turtle.pensize(1)
56.  turtle.fillcolor("green")
57.  turtle.begin_fill()
58.  turtle.circle(-80,90)
59.  turtle.right(90)
60.  turtle.circle(-80,90)
61.  turtle.end_fill()
62.  turtle.right(135)
63.  turtle.fd(60)
64.  turtle.left(180)
65.  turtle.fd(85)
66.  turtle.left(90)
67.  turtle.pensize(4)
68.  turtle.fd(80)
69.  turtle.pensize(1)
70.  # 叶子 2
71.  turtle.right(90)
72.  turtle.right(45)
73.  turtle.fillcolor("green")
74.  turtle.begin_fill()
75.  turtle.circle(80,90)
76.  turtle.left(90)
77.  turtle.circle(80,90)
78.  turtle.end_fill()
79.  turtle.left(135)
80.  turtle.fd(60)
81.  turtle.left(180)
82.  turtle.fd(60)
83.  turtle.right(90)
84.  turtle.pensize(4)
85.  turtle.circle(300,30)
86.  turtle.penup()
87.  turtle.fd(200)
```

【运行结果】

玫瑰花示意图如附图 3-4 所示。

附图 3-4　玫瑰花示意图

5. 绘制奥迪车标。

【参考程序】

```
1.   import turtle
2.   t =turtle.Pen()
3.   t.hideturtle()
4.   t.pensize(10)
5.   for x in range(4):
6.           t.pendown()
7.           t.circle(100)
8.           t.penup()
9.           t.forward(150)
```

【运行结果】

奥迪车标绘制示意图如附图 3-5 所示。

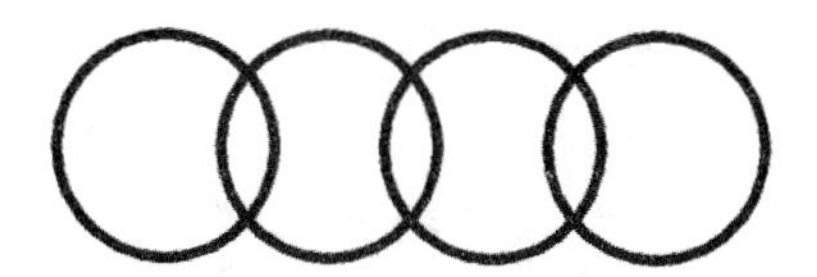

附图 3-5　奥迪车标绘制示意图

6. 绘制奔驰车标。

【参考程序】

```
1.   from turtle import *
2.   hideturtle()
3.   pensize(10)
4.   circle(100)
5.   pensize(1)
6.   penup()
7.   goto(0,90)
8.   pendown()
```

```
9.  circle(10)
10. t0 = (0,100)
11. penup()
12. goto(0,100)
13. left(30)
14. forward(10)
15. t1 = pos()
16. goto(0,100)
17. setheading(150)
18. forward(10)
19. t2 = pos()
20. t3 = (0, 90)
21. t4 = (0,200)
22. goto(t0)
23. setheading(-150)
24. forward(100)
25. t5 = pos()
26. goto(t0)
27. setheading(-30)
28. forward(100)
29. t6 = pos()
30. color('black')
31. begin_fill()
32. pendown()
33. goto(t1)
34. goto(t4)
35. goto(t2)
36. goto(t5)
37. goto(t3)
38. goto(t6)
39. penup()
40. end_fill()
```

【运行结果】

奔驰车标绘制示意图如附图 3-6 所示。

附图 3-6 奔驰车标绘制示意图

7. 绘制向日葵。

【参考程序】

```
1.  import math
2.  import turtle
3.  def drawPhyllotacticPattern( t, petalstart, angle = 137.508, size = 2, cspread
    = 4 ):
4.          """print a pattern of circles using spiral phyllotactic data"""
5.          # initialize position
6.          turtle.pen(outline=1,pencolor="black",fillcolor="orange")
```

```
7.          phi = angle * ( math.pi / 180.0 )
8.          xcenter = 0.0
9.          ycenter = 0.0
10.         # for loops iterate in this case from the first value until < 4, so
11.         for n in range (0,t):
12.                 r = cspread * math.sqrt(n)
13.                 theta = n * phi
14.                 x = r * math.cos(theta) + xcenter
15.                 y = r * math.sin(theta) + ycenter
16.                 # move the turtle to that position and draw
17.                 turtle.up()
18.                 turtle.setpos(x,y)
19.                 turtle.down()
20.                 # orient the turtle correctly
21.                 turtle.setheading(n * angle)
22.                 if n > petalstart-1:
23.                         drawPetal(x,y)
24.                 else: turtle.stamp()
25. def drawPetal( x, y ):
26.         turtle.up()
27.         turtle.setpos(x,y)
28.         turtle.down()
29.         turtle.begin_fill()
30.         turtle.pen(outline=1,pencolor="black",fillcolor="yellow")
31.         turtle.left(30)
32.         turtle.circle(-200,60)
33.         turtle.right(120)
34.         turtle.circle(-200,60)
35.         turtle.up()
36.         turtle.end_fill() # this is needed to complete the last petal
37. turtle.shape("turtle")
38. turtle.speed(0) # make the turtle go as fast as possible
39. drawPhyllotacticPattern( 200, 160, 137.508, 4, 10 )
40. turtle.exitonclick() # lets you x out of the window when outside of idle
```

【运行结果】

向日葵绘制示意图如附图 3-7 所示。

附图 3-7 向日葵绘制示意图

8. 绘制太极图。

【参考程序】

```
1.  from turtle import *
2.  hideturtle()
3.  color('black')
4.  begin_fill()
5.  circle(100,180)
6.  setheading(0)
7.  circle(-50,180)
8.  circle(50,180)
9.  end_fill()
10. color('black','white')
11. setheading(180)
12. circle(-100,180)
13. end_fill()
14. penup()
15. goto(0,135)
16. setheading(0)
17. color('black')
18. pendown()
19. begin_fill()
20. circle(15)
21. end_fill()
22. penup()
23. goto(0,35)
24. setheading(0)
25. color('white')
26. pendown()
27. begin_fill()
28. circle(15)
29. end_fill()
30. penup()
```

【运行结果】

太级图绘制示意图如附图 3-8 所示。

附图 3-8 太极图绘制示意图

9. 绘制奥林匹克五环。

【参考程序】

```
1.   setheading(0)
2.   coordA=(-110,0,110,-55,55)
3.   coordB=(-25,-25,-25,-75,-75)
4.   cl=("red","blue","green","yellow","black")
5.   i=0
6.   from turtle import *
7.   pensize(5)
8.   hideturtle()
9.   for i in range (5) :
10.        color(cl[i])
11.        penup()
12.        goto(coordA[i],coordB[i])
13.        pendown()
14.        circle(45)
15.        i=i+1
16.  exitonclick()
```

【运行结果】

奥运五环绘制示意图如附图 3-9 所示。

附图 3-9 奥运五环绘制示意图

10. 绘制圣诞树。

【参考程序】

```
1.   n = 50
2.   from turtle import *
3.   goto(0,0)
4.   speed("fastest")
```

```
5.   color("grey")
6.   begin_fill()
7.   goto(n/10,0)
8.   goto(0,5.3*n)
9.   goto(-n/10,0)
10.  goto(0,0)
11.  end_fill()
12.  penup()
13.  left(90)
14.  forward(5.3*n)
15.  pendown()
16.  #draw the star on the top of the tree
17.  color("orange", "yellow")
18.  begin_fill()
19.  left(126)
20.  for i in range(5):
21.          forward(n/5)
22.          right(144)
23.          forward(n/5)
24.          left(72)
25.  end_fill()
26.  right(126)
27.  penup()
28.  backward(n*4.8)  #this is the trunk of the tree
29.  pendown()
30.  color("dark green")
31.  def tree(d, s):
32.          if d <= 0: return
33.          penup()
34.          forward(s)
35.          pendown()
36.          tree(d-1, s*0.8)  #draw main branches of the tress
37.          right(120)
38.          tree(d-3, s*0.5)  ##draw branches of the tress
39.          right(120)
```

```
40.        tree(d-3, s*0.5)  ##draw branches of the tress
41.        right(120)
42.        backward(s)
43.   tree(15, n)
44.   penup()
45.   goto(-200,-400)
```

【运行结果】

圣诞树绘制示意图如附图 3-10 所示。

附图 3-10 圣诞树绘制示意图

附录 4 文本处理类

1. 编写程序，用户输入一段英文，然后输出这段英文中所有长度为 3 个字母的单词。

【参考程序】

```
1.   import re
2.   x = input('Please input a string:')
3.   pattern = re.compile(r'\b[a-zA-Z]{3}\b')
4.   print(pattern.findall(x))
```

【说明】

input()和 raw_input()这两个函数均能接收字符串，但 raw_input()直接读取控制台的输入（任何类型的输入，它都可以接收）。而对于 input()，它希望能够读取一个合法的 Python 表达式，即输入字符串的时候必须使用引号将它括起来，否则它会引发一个 SyntaxError。

compile(pattern[,flags])根据包含正则表达式的字符串创建模式对象，返回一个 pattern 对象。第二个参数 flags 是匹配模式，可以使用按位或'|'表示同时生效，也可以在正则表达式字符串中指定。pattern 对象是不能直接实例化的，只能通过 compile 方法得到。

2. 有一段英文文本，其中有单词连续重复了 2 次，编写程序检查重复的单词并只保留一个。例如文本内容为“This is is a desk.”，程序输出为“This is a desk.”

```
1.   import re
2.   x = 'This is is a desk.'
3.   pattern = re.compile(r'\b(\w+)(\s+\1){1,}\b')
4.   matchResult = pattern.search(x)
5.   x = pattern.sub(matchResult.group(1),x)
```

【说明】

正则表达式（Regular Expression）描述了一种字符串匹配的模式。re 模块中的函数可以检查一个特定的字符串是否匹配给定的正则表达式（或给定的正则表达式是否匹配特定的字符串）。感兴趣同学可以上网查阅相关资料。

3. 假设有一段英文，其中有单词中间的字母“i”误写为“I”，请编写程序进行纠正。

【参考程序】

```
1.   import re
2.   x = "I am a teacher,I am man, and I am 38 years old.I am not a busInessman."
3.   print(x)
4.   pattern = re.compile(r'(?:[\w])I(?:[\w])')
5.   while True:
6.       result = pattern.search(x)
7.       if result:
8.           if result.start(0) != 0:
9.               x = x[:result.start(0)+1]+'i'+x[result.end(0)-1:]
10.          else:
11.              x = x[:result.start(0)]+'i'+x[result.end(0)-1:]
12.      else:
13.          break
14.  print(x)
```

4. 假设有一段英文，其中有单独的字母“I”误写为“i”，请编写程序进行纠正。

（1）不使用正则表达式。

【参考程序】

```
1.   x = "i am a teacher,i am a man, and i am 38 years old.I am not a businessman."
2.   x = x.replace('i ','I ')
3.   print(x)
```

（2）使用正则表达式。

【参考程序】

```
1.   x = "i am a teacher,i am a man, and i am 38 years old.I am not a businessman."
2.   import re
3.   pattern = re.compile(r'(?:[^\w]|\b)i(?:[^\w])')
4.   while True:
5.       result = pattern.search(x)
6.       if result:
7.            if result.start(0) != 0:
8.                 x = x[:result.start(0)+1]+'I'+x[result.end(0)-1:]
9.           else:
10.                x = x[:result.start(0)]+'I'+x[result.end(0)-1:]
11.      else:
12.          break
13.  print(x)
```

5. 假设有一个英文文本文件，编写程序读取其内容，并将其中的大写字母变为小写字母，小写字母变为大写字母。

【参考程序】

```
1.   f = open(r'd:\1.txt','r')
2.   s = f.readlines()
3.   f.close()
4.   r = [i.swapcase() for i in s]
5.   f = open(r'd:\2.txt','w')
6.   f.writelines(r)
7.   f.close()
```

6. 编写程序，用户输入一个目录和一个文件名，搜索该目录及其子目录中是否存在该文件。

【参考程序】

```
1.   import sys
2.   import os
3.   directory = sys.argv[1]
4.   filename = sys.argv[2]
```

```
5.   paths = os.walk(directory)
6.   for root,dirs,files in paths:
7.        if filename in files:
8.             print('Yes')
9.             break
10.  else:
11.       print('No')
```

7. 编写函数，接收一个字符串，分别统计大写字母、小写字母、数字、其他字符的个数，并以元组的形式返回结果。

【参考程序】

```
1.   def demo(v):
2.        capital = little = digit = other =0
3.        for i in v:
4.             if 'A'<=i<='Z':
5.                  capital+=1
6.             elif 'a'<=i<='z':
7.                  little+=1
8.             elif '0'<=i<='9':
9.                  digit+=1
10.            else:
11.                 other+=1
12.  return (capital,little,digit,other)
13.  x = 'capital = little = digit = other =0'
14.  print(demo(x))
```

8. 在一个目录下有多个文件，每个文件都要读取一次，并进行文本处理。

【参考程序】#比如 d:\work 下面是你要读取的文件，代码可以这样写：

```
1.   import os
2.   path = 'd:\\work' #or path = r'd:\work'
3.   os.chdir(path)
4.   for filename in os.listdir():
5.        file = open(filename,'r')
6.        for eachline in file.readlines():
7.             print(eachline)
```

9. 现有"record.txt"文本如下：

```
boy:what's your name?
```

```
girl:my name is lebaishi,what about you?
boy:my name is wahaha.
girl:i like your name.
==============================================
girl:how old are you?
boy:I'm 16 years old,and you?
girl:I'm 14.what is your favorite color?
boy:My favorite is orange.
girl:I like orange too!
==============================================
boy:where do you come from?
girl:I come from SH.
boy:My home is not far from you,I live in Jiangsu province.
girl:Let's be good friends.
boy:OK!
```

要求：将文件（record.txt）中的数据进行分割并按照以下规律保存起来。

boy 的对话单独保存为 boy_*.txt 的文件（去掉"boy:"）

girl 的对话单独保存为 girl_*.txt 的文件（去掉"girl:"）

文件中总共有三段对话，分别保存为 boy_1.txt, girl_1.txt, boy_2.txt, girl_2.txt, boy_3.txt, girl_3.txt 共六个文件（文件中不同的对话已经用"======="分割）。

【参考程序】

```
1.  boy_log = []
2.  girl_log = []
3.  version = 1
4.  def save_to_file(boy_log,girl_log,version):
5.      filename_boy = 'boy_' + str(version) + ".txt"
6.      filename_girl = 'girl_' + str(version)  + ".txt"
7.      fb = open(filename_boy,"w")
8.      fg = open(filename_girl,"w")
9.      fb.writelines(boy_log)
10.     fg.writelines(girl_log)
11.     fb.close()
12.     fg.close()
13.  def process(filename):
14.     file = open(filename,"r")
15.     for eachline in file.readlines():
```

```
16.             if eachline[:6] != "======":
17.                 mylist = eachline.split(":")
18.                 if mylist[0] == "boy":
19.                     global boy_log
20.                     boy_log.append(mylist[-1])
21.                 else:
22.                     global girl_log
23.                     girl_log.append(mylist[-1])
24.             else:
25.                 global version
26.                 save_to_file(boy_log,girl_log,version)
27.                 version += 1
28.                 boy_log = []
29.                 girl_log = []
30.         save_to_file(boy_log,girl_log,version)
31. if __name__ == "__main__":
32.     fn = "record.txt"
33. process(fn)
```

10. 在诸多软件压缩包中或者项目压缩包中都会存在一个 readme.txt 文件，其中的内容无非是对软件的简单介绍和注意事项。但是在该文本文件中，内容没有分段分行，而是非常冗杂地混在一起。利用 Python 可以解决这个问题。

这里的思路很简单，打开一个文本文档，对其中具有两个及两个以上的空格进行处理，即产生换行，另外对出现很多的‘=’和‘>>>’也要进行处理。以下尝试处理的是 easyGUI 文件夹中的 read.txt 文件，该文件复制在了 D 盘的根目录下。

【参考程序】

```
1.  process(fn)
2.  def save_file(lister):#将传入的列表保存在新建文件中
3.      new_file = open('new_file','w')#创建并打开文件，文件可写
4.      new_file.writelines(lister)#将列表 lister 中的内容逐行打印
5.      new_file.close()#关闭文件，且将缓存区中的内容保存至该文件中
6.  def split_file(filename):#分割原始文件
7.      f = open(filename)#打开该原始文件，默认该文件不可修改
8.      lister = []#初始化一个空列表
9.      for each_line in f:
10.         if each_line[:6] != '======' and each_line[:3] != '>>>':
```

```
11.                #当连续出现六个‘=’或连续出现三个‘>’时，打印一个换行符，实际体现在else中
12.  each_line.split('  ',1)#当出现两个空格时，分割一次，并在下一行代码中以一行的形式保存
     在列表中
13.                    lister.append(each_line)
14.            else:
15.                    lister.append('\n')
16.        save_file(lister)
17.        f.close()
18.  split_file('D:\\README.txt')
```